油气生产信息化建设培训系列教材

油气(水)井场生产数据采集与监控设备

《油气(水)井场生产数据采集与监控设备》编写组　编

石 油 工 业 出 版 社

内 容 提 要

本书主要介绍油气(水)井场油水井温度、压力数据采集仪表,有杆泵抽油井示功图产液计量技术,螺杆泵在线计量系统,RTU及多功能抽油机控制柜的操作与维护,数字化橇装设备,气田生产数据采集与监控设备,井站视频监控系统及通信设备等。

本书主要面向采油、注水等岗位技能操作人员,作为企业培训专业教材,提升技能操作人员自动化仪表、信息化设备的操作技能,也可作为高职高专、成人教育学校石油开采、油气储运等专业的教学参考用书。

图书在版编目(CIP)数据

油气(水)井场生产数据采集与监控设备 /《油气(水)井场生产数据采集与监控设备》编写组编. —北京:石油工业出版社,2017.5
油气生产信息化建设培训系列教材
ISBN 978-7-5183-1900-8

Ⅰ.①油… Ⅱ.①油… Ⅲ.①油气井—数据采集系统—技术培训—教材②油气井—监控设备—技术培训—教材 Ⅳ.①TE2

中国版本图书馆 CIP 数据核字(2017)第 090455 号

出版发行:石油工业出版社
　　　　　(北京安定门外安华里2区1号　100011)
　　　　网　　址:www.petropub.com
　　　　编辑部:(010)64256770
　　　　图书营销中心:(010)64523633
经　销:全国新华书店
印　刷:北京中石油彩色印刷有限责任公司

2017年5月第1版　2017年5月第1次印刷
787×1092毫米　开本:1/16　印张:11
字数:282千字

定价:36.00元
(如出现印装质量问题,我社图书营销中心负责调换)
版权所有,翻印必究

《油气生产信息化建设培训系列教材》
编委会

主　　任：陈锡坤
副 主 任：郭万松　张玉珍　耿延久
成　　员：鲁玉庆　段鸿杰　郝邵强　李兴国　张国春
　　　　　王吉坡　孙树强　孙卫娟　蔡　权　时　敏
　　　　　匡　波
审 核 人：王克华　段鸿杰

《油气(水)井场生产数据采集与监控设备》
编写组

主　　编：郭念田　孙卫娟
编写人员：张晓花　王吉坡　刘　磊　赵瑞娟
　　　　　姚长才
统 稿 人：郭念田　张晓花　孙卫娟

序

当今世界,信息化浪潮席卷全球,互联网、大数据、云计算等现代信息技术迅猛发展,引发经济社会深刻变革;信息技术日新月异的更新发展给人们的日常生活、工农业生产带来重大影响的同时,引发智能制造的新一轮产业变革。

"没有信息化就没有现代化",国家站在时代和历史的高度,准确把握新一轮科技革命和产业革命趋势,相继出台了"中国制造2025""互联网+"行动、"大数据发展行动""国家信息化发展战略"等重要战略工作部署和安排,目的在于发挥我国制造业大国和互联网大国的优势,推动产业升级,促进经济保持稳定可持续发展。

信息技术发展突飞猛进,给传统产业提升带来了契机,信息化与工业化"两化融合"已势不可挡。纵观国内外石油石化行业,国际石油公司都非常重视信息化建设,把信息化作为提升企业生产经营管理水平、提高国际竞争能力的重要手段和战略举措。世界近90%的石油天然气企业实施了ERP系统,一些企业已经初步实现协同电子商务。国际石油企业每天有超过50万的各级管理人员通过全面集成的管理信息系统,实现企业的战略、勘探、开发、炼化、营销及人财物等全面管理。埃克森美孚、壳牌、BP、雪佛龙德士古、瓦莱罗等国际石油公司通过信息系统建设,使企业资源得以充分利用,每个环节都高效运作,企业竞争力不断提高。国际石油公司信息化建设表明,信息化建设不仅促进了管理流程的优化,管理效率和水平的提升,拓宽了业务发展,而且给企业带来巨大经济效益,提升了核心竞争力。

中国石化作为处于重要行业和关键领域的国有重要骨干企业,贯彻落实党中央的决策部署,加快推进"两化"深度融合,推动我国石油石化产业升级,是义不容辞的责任。同时,中国石化油田板块一直面临着老油田成本快速上升、盈利能力下降的生存问题,特别是在国际油价断崖式下跌的新形势下,要求我们创新变革、转型发展,应对低油价、适应新常态。

"谁在'两化'深度融合上占据制高点,谁就能掌握先机、赢得优势、赢得未来"。中国石化着眼于"新常态要有新动力",审时度势,高瞻远瞩,顺应时代发展需求,作出"以价值创造为导向,推动全产业链、全过程、全方位融合,着力打造集约化、一体化经营管控新模式,着力打造数字化、网络化、智能化生产运营新模式,着力打造'互联网+'商业新业态,加快推进'两化'深度融合,着力打造产业竞争新优势"的战略部署,全力推进油田企业油气生产信息化建设。

油气生产信息化建设是油田企业转方式调结构、提质增效的重要举措,是油田企业改革的重要技术支撑,是老油田实现可持续发展的必然选择。按照《油气生产信息化建设指导意见》要求,到"十三五"末全面实现油气生产动态实时感知、油气生产全流程监控、运行指挥精准高效,全面提高油气生产管理水平,促进油田管理效率和经济效益的提升。油田板块油气生产信息化建设工作,就是在对油田板块信息化示范建设总结提高的基础上,依靠成熟的信息技术,根据不同的油气田生产建设实际,明确建设标准与效果,整体部署可视化、自动化、智能化建设方案,为油田板块提质增效、深化改革和转型发展提供强有力的支撑。生产信息化建设的内容就是围绕老区生产可视化、新区自动化、海上及高硫化氢油区智能化,确定分类建设模板,建成覆盖油区的视频监控系统,建成满足生产管理要求的数据自动采集系统,建成稳定高效的生产网络,建成统一生产指挥平台,打造油气田开发管理新模式。

近几年来,国内长庆油田、新疆油田、胜利油田等各大油田在信息化建设方面做出有益的尝试和探索,取得显著效益。胜利油田自2012年6月始,开展了以"标准化设计、模块化建设、标准化采购、信息化提升"为核心的油气生产信息化建设工作部署,取得了很好效果,积累了宝贵经验,为信息化建设全面推广奠定了基础。生产信息化示范建设的实践表明,油气生产信息化是提高劳动生产率,减轻员工劳动强度,减少用工总量的有效手段;是提高精细化管理,提升安全生产运行水平的重要支撑;对于油田企业转方式调结构,推进体制机制建设,打造高效运行、精准管理、专业决策的现代石油企业具有重要的指导作用。

"功以才成,业以才行",没有一支业务精、技术强、技能拔尖的信息化人才队伍,没有信息化人才的创造力迸发,技术创新,油气生产信息化建设就难以取得成效。加强信息化技术人才队伍建设,培养造就一批信息技术高端人才和技能拔尖人才,全力开展和加强职工信息技术培训,事关油气生产信息化建设成败大局。因此,加大加快信息化人才培养培训力度,畅通信息化人才成长通道,是当务之急,时不我待。

世界潮流,浩浩荡荡。信息技术方兴未艾,加快推进石油石化工业和信息化深度融合,全面加强油气生产信息化建设工作,打造石油石化工业发展的新趋势、新业态、新模式,提升中国石化的核心竞争力,是时代赋予我们的义不容辞的责任。让我们团结在以习近平同志为核心的党中央周围,以更加积极进取的精神状态、更加扎实有为的工作作风,抓住历史机遇,深化"两化"融合,为油田板块提质增效、转型发展作出积极贡献。

2017年2月

前　言

中国石油化工集团公司顺应时代发展需求，积极贯彻国家信息化发展战略，着眼于"新常态要有新动力"，审时度势，高瞻远瞩，吹响"转方式调结构，提质增效"的号角，适时做出全力推进石油化工工业与信息化的深度融合，加快推进油田企业油气生产信息化建设的战略部署。

油气生产信息化建设就是通过对油气生产过程选择性的实施可视化、自动化和智能化，为井站装上"大脑"和"眼睛"，实现生产管理"零时限"，全面提升油气生产管理手段，打造"井站一体、电子巡护、远程监控、智能管理"的油气田开发管理新模式。

油气生产信息化建设的推进，改变了传统的生产组织、运行管理和建设施工模式。"三室一中心"油公司管理体制构建，生产运行与组织管理模式的创新，工艺优化，"四新"技术的应用，对员工岗位职责、岗位技能等提出了新要求。如何适应信息化模式下岗位的业务需求，成为油田广大员工关心关注的现实问题。《油气生产信息化建设培训系列教材》就是在中国石化全力推进油气生产信息化建设的背景下，适应油田企业员工在信息化模式下的业务需求而组织编写的。

本系列教材围绕油田企业信息化建设规划、系统应用、设备运维等三个方面进行梳理介绍，内容编排本着从易到难、循序渐进、从实际出发、解决实际问题的指导思想，强调实用性和可用性，尽量做到通俗易懂、详略得当，并侧重于技能的培养和训练，旨在为学员提供简便、实用、管用的参考书，为油气田开展信息化建设提供借鉴和指导。

本系列教材作为培训用书，适合于中国石化各分公司、采油厂、管理区负责油气生产信息化系统建设规划设计、建设施工、系统应用、运维管理等工程技术和管理人员以及信息化设备技能操作维护人员的培训。

《油气(水)井场生产数据采集与监控设备》共分7章，主要内容有：油水井温度、压力数据采集仪表，有杆泵抽油井示功图产液计量技术，螺杆泵抽油井在线计量系统，RTU及多功能抽油机控制柜的操作与维护，数字化橇装设备，气田生产数据采集与监控设备，井站视频监控设备等。

本书主要面向采油、注水等岗位技能操作员工，目的在于普及信息化知识，提升技能操作人员自动化仪表、信息化设备的操作技能，确保数据采集与监控系统稳定运行。

本书由山东胜利职业学院油气生产信息化培训部郭念田、孙卫娟主编,第一章由王吉坡编写,第二章、第三章由张晓花编写,第四章由郭念田编写,第五章由姚长才、孙卫娟编写,第六章由刘磊编写,第七章由赵瑞娟编写。郭念田、张晓花、孙卫娟负责全书统稿。山东胜利职业学院王克华教授、胜利油田信息中心副主任段鸿杰负责审核。

本系列教材在中国石化油田勘探开发事业部信息与科技管理处的指导下,编写过程得到了中国石化油田勘探开发事业部相关处室及胜利油田分公司、西南油气田分公司、江苏油田分公司等单位的大力协助,胜利油田"四化"建设项目部、胜利油田信息中心等部门专家学者给予了许多中肯建议,在此一并表示感谢。

由于编者水平有限,教材中难免有不妥之处,恳请读者和专家批评指正。

编者
2017 年 2 月

目 录

第一章　油水井温度、压力数据采集仪表 … 1
- 第一节　井场信息化建设技术要求和框架结构 … 1
- 第二节　压力变送器 … 6
- 第三节　温度变送器 … 20
- 第四节　无线一体化温度压力变送器 … 26
- 第五节　数据采集仪表选型 … 29

第二章　有杆泵抽油井示功图监控诊断技术 … 32
- 第一节　示功图产液计量原理 … 32
- 第二节　游梁式抽油机示功图数据采集与测量 … 35
- 第三节　链条式抽油机示功图数据采集与测量 … 47
- 第四节　示功图异常故障诊断 … 49
- 第五节　示功图预警分析应用 … 58

第三章　螺杆泵抽油井在线计量系统 … 62
- 第一节　螺杆泵抽油井在线计量系统组成与特点 … 62
- 第二节　螺杆泵抽油井在线计量装置安装、调试与使用 … 66
- 第三节　油井智能微差压在线计量系统 … 68

第四章　RTU 与多功能抽油机控制柜 … 71
- 第一节　多功能抽油机控制柜组成与原理 … 71
- 第二节　智能远程监控终端 RTU … 79
- 第三节　多功能电表参数设置与故障处理 … 84
- 第四节　变频器原理、参数设置与故障处理 … 87
- 第五节　多功能抽油机控制柜操作与维护 … 95
- 第六节　多功能抽油机控制柜故障诊断 … 100

第五章　数字化橇装设备 … 106
- 第一节　注水站监控系统 … 106
- 第二节　稳流配水阀组结构 … 108
- 第三节　稳流配水阀组操作与维护 … 116
- 第四节　水套加热炉橇装设备 … 119

第六章　天然气田生产数据采集与工况监控 … 124
- 第一节　天然气田生产数据采集与工况监控要求 … 124
- 第二节　采气监控常用仪器仪表 … 132

第七章 视频监控系统 ……………………………………………………………… 137
  第一节 视频监控系统的发展 ……………………………………………………… 137
  第二节 视频监控系统的组成与功能 ……………………………………………… 138
  第三节 视频监控设备的安装 ……………………………………………………… 148
  第四节 视频监控管理平台软件 …………………………………………………… 154
  第五节 常见故障与维护 …………………………………………………………… 159

参考文献 …………………………………………………………………………… 163

第一章　油水井温度、压力数据采集仪表

第一节　井场信息化建设技术要求和框架结构

信息技术发展日新月异，对人们的生产生活产生了深刻影响，推动人类社会由农业革命、工业革命向信息革命迈进。加快制造业数字化、网络化、智能化进程，抓住信息化建设的发展机遇，重塑制造业竞争新优势，掌握更多发展主动权，成为国内外企业竞相发展战略。"没有信息化就没有现代化"。中国石油化工集团公司（以下简称中国石化）着眼于"新常态要有新动力"，审时度势，高瞻远瞩，顺应时代发展需求，加快推进"两化"深度融合，吹响"转方式调结构，提质增效"的号角，全力推进油田企业油气生产信息化建设。

所谓信息化建设，就是把企业的业务、流程、渠道等重要资源通过计算机技术、网络技术、软件技术、互联网技术、智能感知技术等进行整合、重组和优化，以达到提高管理效率、降低管理成本、提升核心竞争力。

油气生产信息化建设就是通过对油气生产过程选择性的实施可视化、自动化和智能化，为井站装上"大脑"和"眼睛"，实现生产管理"零时限"，全面提升油气生产管理手段，打造"井站一体、电子巡护、远程监控、智能管理"的油气田开发管理新模式，为推进油公司体制机制建设提供有力支撑。根据中国石化《油气生产信息化建设指导意见》建设规划，油气生产信息化建设工作目标是"老区可视化、新区自动化、海上和高危设备智能化"，其技术要求和建设内容可以归纳总结为以下几个方面。

一、源头生产数据采集与监控

《油气生产信息化建设指导意见》指出：老油（气）田信息化建设要在油公司体制建设基础上有序推进，实现视频全覆盖，生产数据按需采集；对具备自动化条件的设备实现远程控制。新区产能建设方案要同步考虑生产信息化建设内容，与地面工程同时设计、同时建设、同时投运。利用信息技术优化地面工艺流程设计，简化流程、节约投资。

1. 油井

油井采集压力、温度、电参数等数据（抽油机井增加载荷、位移、冲次数据，螺杆泵井增加转速数据），产液量计算采用示功图法、微压差法等方法，各单位根据实际情况配备相应数量的移动计量标定设备；已安装变频控制柜的井可按照操作规程实现远程启停、远程调参。标准化井场数据采集与监控装置如图1-1所示。

2. 气井

气井采集压力、温度等数据；高酸性气井增加地面、井下安全阀智能控制和有毒有害气体

浓度监测装置;产气量计算根据现场实际情况确定计量方式。

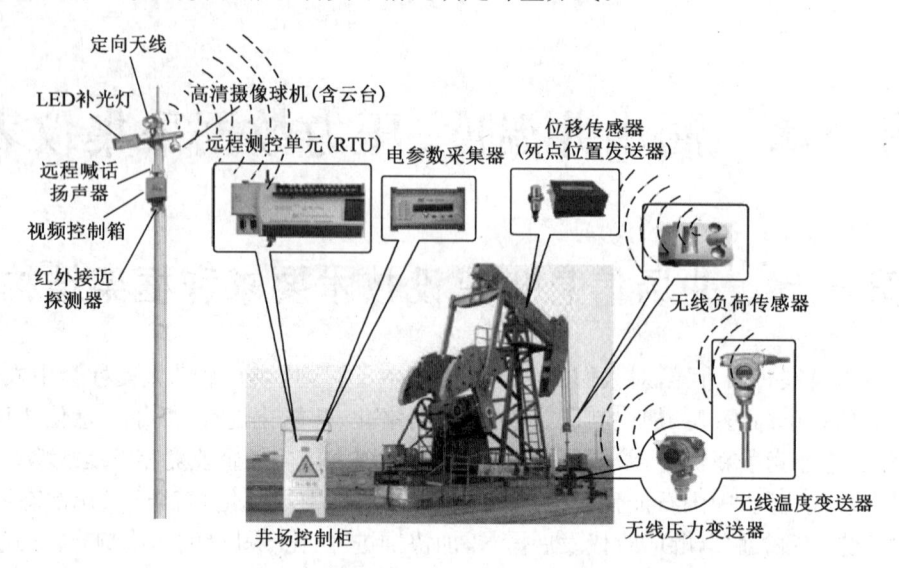

图 1-1 标准化井场数据采集与监控系统

3. 海上油气井

海上油气井要实现智能关断(控制),按照不同井别实现生产参数的自动采集。

4. 注入井

注入井(注水井、注天然气井、注蒸汽井、注 CO_2 井、注聚井等)压力、温度、流量等相关数据通过注入站(注水站、配水间、注汽站、注聚站等)进行自动采集。稳流配水装置如图 1-2 所示。

图 1-2 稳流配水装置

5. 特殊工况井

特殊工况井在上述常规生产数据采集的基础上,气举井增加注气压力、流量数据采集;掺稀井增加注入稀油压力、流量数据采集;稠油热采井增加蒸汽注入压力、注入量、焖井时间数据采集;煤层气井增加产水量数据采集。

6. 小型站场(库)

小型站场(库)包括集油阀组、配水(汽)阀组、增压站、接转站、注入站、集气站、输气站等。数据采集内容包括温度、压力、流量、液位、设备运行状态、可燃气体及有毒有害气体浓度等数据,并根据已有条件和需要,实现设备的远程控制。

7. 大型站库

大型站库包括联合站、轻烃处理站、天然气处理(净化)厂等。数据采集内容包括温度、压力、流量、液位、设备运行状态、可燃气体及有毒有害气体浓度、阀门开度、阀门状态等数据,在控制室集中监控。

8.集输管线

集输管线要结合周边环境、管线材质和管输介质等条件优选光纤监测、负压波法、次声波法等泄漏监测技术进行管线泄漏报警与定位;高酸性天然气集输管线、海上油气集输管线在采集泄漏监测数据基础上同时实现智能关断。长输管线信息化系统按照《油气田及管道仪表控制系统设计规范》(SY/T 0090—2006)进行建设。

二、网络规划与建设

通信传输网络系统主要为视频监控图像及自控数据提供可靠通道,要求技术先进,稳定可靠,尽量减少日常维护工作量,并能适应通信发展需求。某管理区网络系统结构图如图1-3所示。

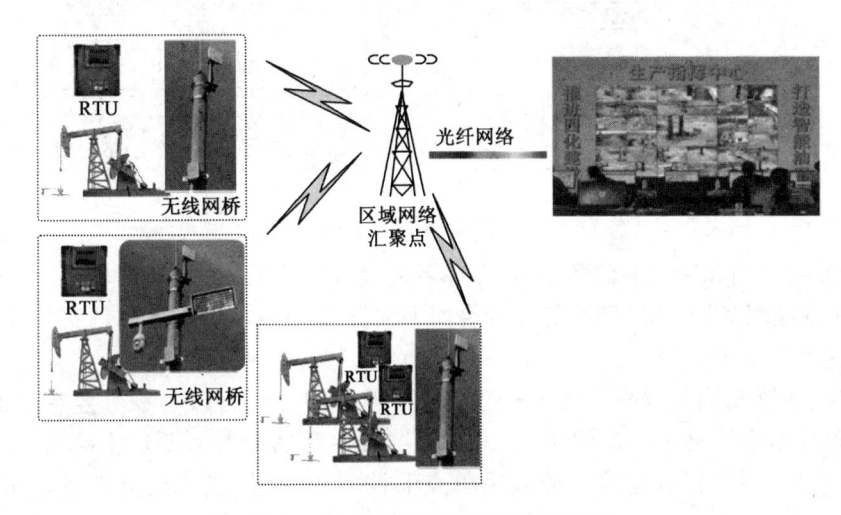

图1-3 某管理区网络系统结构图

网络传输突出安全、快速、稳定,要充分利用已建成的光纤主干网络;采用有线、无线混合组网技术完善通信链路,网络建设拓扑结构图如图1-4所示。

(1)主干网要满足工控网、视频网、办公网三网信息传输和安全的需要。

(2)受地域环境、社会环境等因素限制时,个别偏远井场或站库可以选择使用运营商提供的公网链路或使用无线网桥建立区域性通信链路,汇聚后以光缆接入主干网络。

(3)油井井场采用无线组网技术,多项数据经RTU、井场交换机就近发送至通信基站。站场内信息传输优先选用有线方式。

三、视频监控系统

视频监控系统用于实时监视重要场所情况变化、重要设备运行情况等,通过高清视频将图像采集到监控中心,为智能分析服务器提供数据源,同时能与其他系统进行报警联动,满足生产运行对安全、巡视的要求。

视频监控系统一般由前端部分、传输部分、记录控制部分以及显示部分四大块组成。系统

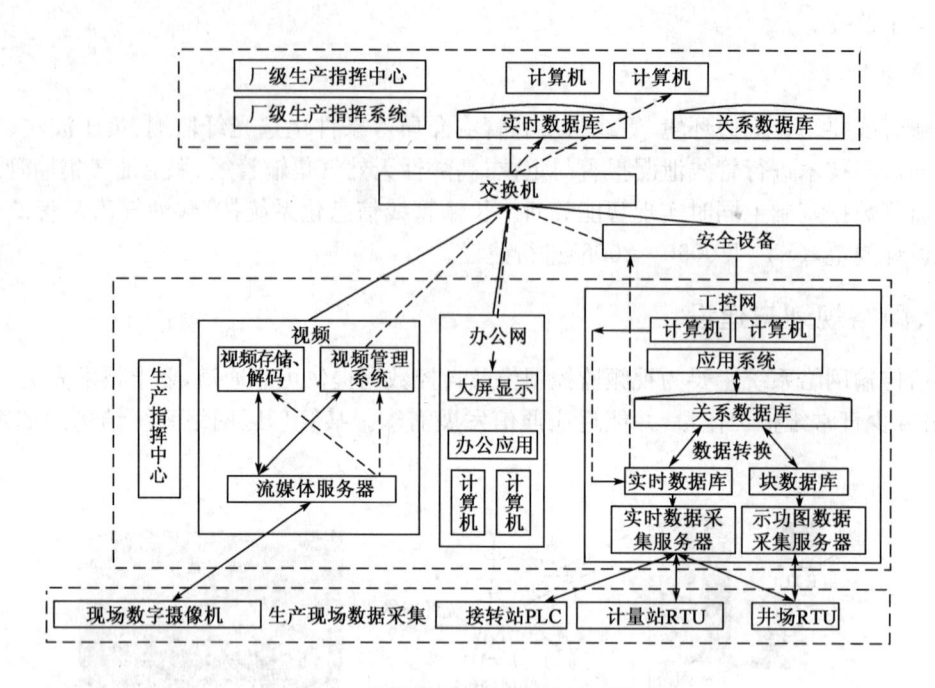

图 1-4 某管理区网络建设拓扑结构图

实现了前端设备联动和后端平台联动,并支持多级级联。井场视频监控系统包括一体化摄像机、智能分析视频服务器、辅助照明灯及扬声器等设备,实现井场视频图像的实时采集与传送,以及语音示报警等功能。

视频监控系统架构示意图如图 1-5 所示,建设要求主要有:(1)视频监控全面覆盖井、站库、管线重要节点等油气生产设施。(2)对油区安保范围内的重要出入路口、安防重要节点实施视频监控。(3)视频监控一般采用单点监控方式,监控点密集分布区域可采用区域监控。

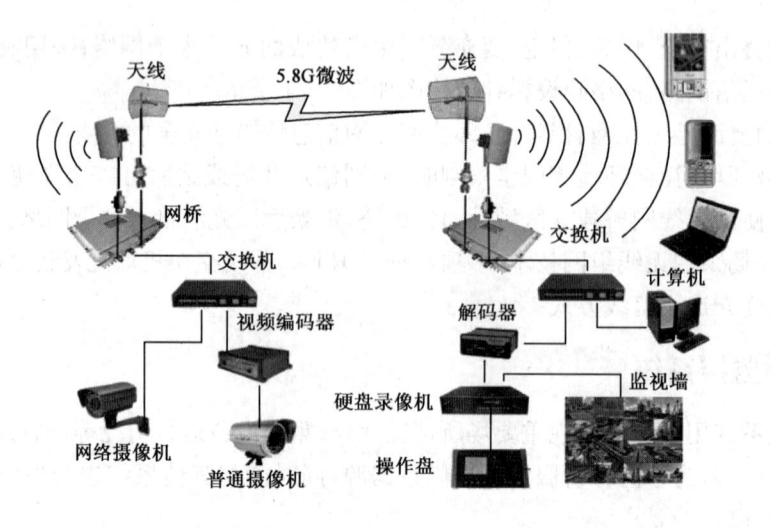

图 1-5 视频监控系统架构示意图

四、油气生产运行指挥平台

油气生产信息管理系统(PCS)是生产信息化建设的核心内容,是集过程监控、运行指挥、专业分析为一体的综合管理系统。利用物联网、组态控制等信息技术,集成实时采集的生产动态数据、图像数据和相关动静态数据,进行关联分析,实现油气生产全过程的自动监控、远程管控、异常报警,覆盖分公司、采油(气)厂、管理区三个层级。油气生产运行指挥平台分为软件系统(PCS)和硬件环境两部分内容。

油气生产运行指挥系统应满足管理区、采油(气)厂、分公司和总部的管控需求,按照中国石化《油气生产信息化建设指导意见》文件精神,由油田勘探开发事业部统一定制、推广,并不断扩展应用功能。局、厂、区三级生产指挥中心平台风格一致、上下贯通、层层穿透、功能对应,形成从生产现场到局级指挥中心一体化油气生产监控、运行、指挥、应急应用模式。油气生产信息化建设三级生产指挥系统如图 1-6 所示。

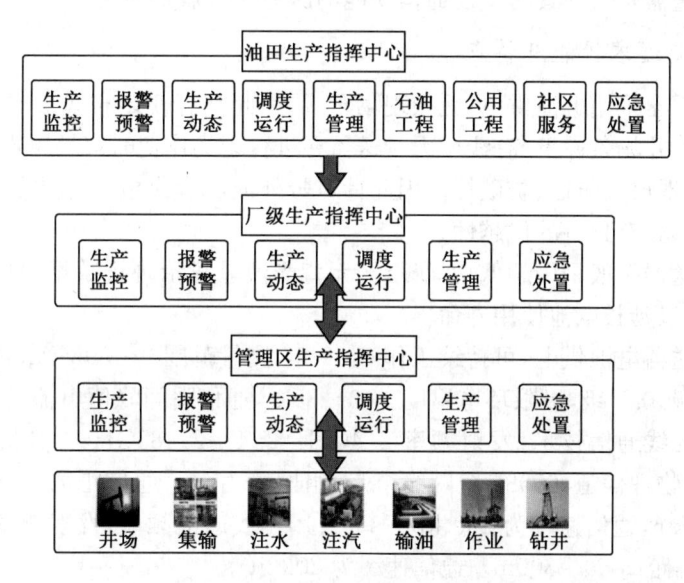

图 1-6 油气生产信息化建设三级生产指挥系统

油气生产运行指挥平台硬件环境由各分公司按照《油气生产信息化建设技术要求》本着"管用、够用、节约、经济"的原则建设;油气生产管理区原则上不设大屏幕。

油气生产信息化建设改变了传统的油气生产组织、管理、运行模式,实现了油气生产方案设计、地面建设、生产管控、组织架构深刻变革,不仅为油田深化改革、转型发展和油公司体制机制建设提供可靠技术支撑,而且促进了油田标准化、精细化管理水准,提升了安全生产管理水平,大大提高了核心竞争力。

油气生产信息化建设是中国石化和油田企业转方式、调结构、提质增效的重要举措,是油田油公司改革的重要技术支撑,是老油田实现可持续发展的必然选择。加快信息化建设,推进"两化"融合,是贯彻国家信息化发展战略、顺应时代发展的迫切需要,是中国石化转方式调结构的迫切需要。

第二节　压力变送器

油水井生产数据采集主要有温度、压力、电参数以及载荷、冲程、冲次等，采集原则是按需采集，实时监控。油水井压力采集主要有油压、套压、注水干线压力、水井支线压力等，实现压力采集的仪表就是压力变送器。

压力变送器是一种接受压力变量，经传感转换后，将压力变化量按一定比例转换为标准输出信号的仪表。变送器的输出信号传输到中控室进行压力指示、记录或控制。压力变送器根据通信方式不同分为无线压力变送器和有线压力变送器两种。

一、无线压力变送器

无线压力变送器是一种具有无线通信功能的压力变送器。

1. 无线压力变送器性能及特点

无线压力变送器采用电池供电，无须现场布线，因此具有安装布线成本低、安装方便简单的特点。特别是在井场条件下，有线压力变送器在进行现场作业时容易出现碰伤、刮断变送器电缆事故，不易实现仪表防盗、防破坏。因此针对野外或配套供电不方便的井场特殊条件，使用无线压力变送器具有独特的优越性。

无线压力变送器一般采用超低功耗设计，无背光液晶显示现场数据，自动休眠、定时发送数据等节电措施，以延长电池使用寿命。

无线压力变送器电池供电，可持续工作1~2年，测量范围0~50MPa，过载压力小于2倍量程。精度0.2级、0.5级，极限环境温度-40~85℃，通信瞬间峰值电流≤160mA，休眠电流≤3μA。ZigBee无线通信技术，发射频率2.4GHz(2.4~2.485GHz)，其抗干扰和组网能力强。一般具有16物理信道，65535个网络节点，组网能力强。通信距离小于500m，增大发射功率可达到1~3km，通信速率为250 kbit/s。公用无线通信频段，发射频率315/433MHz开放ISM频段，通信距离50~300m。通信速率为20kbit/s。

目前，无线压力变送器一般采用3.6V/8.5Ah锂电池供电，无线数据传输一般采用ZigBee无线通信或无线数传通信。ZigBee无线组网示意图如图1-7所示。

无线网络的结构特点：(1)只要某一台无线变送器与网络中的各节点距离小于200m，该无线变送器就可以接入网络，即与无线网关通信。整个无线网络随建随用，具有自组织、自愈合的特性。(2)现场仪表配置路由功能，每台无线仪表不仅测量自己的过程参数，还可同时为其他仪表的通信路由转发服务。(3)网络安全性高。无线路由设置有高级防火墙，确保系统安全可靠。(4)系统可

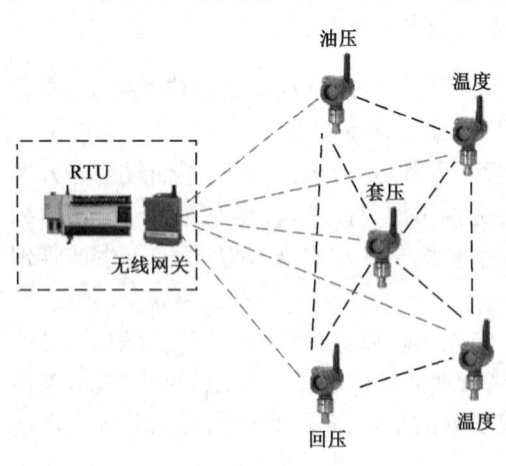

图1-7　ZigBee无线组网示意图

靠性高,避免因为线路破损、老化等问题造成安全隐患。(5)设备扩展性好,单个网关可以支持200个无线设备,未来添加设备无须增加新卡件。

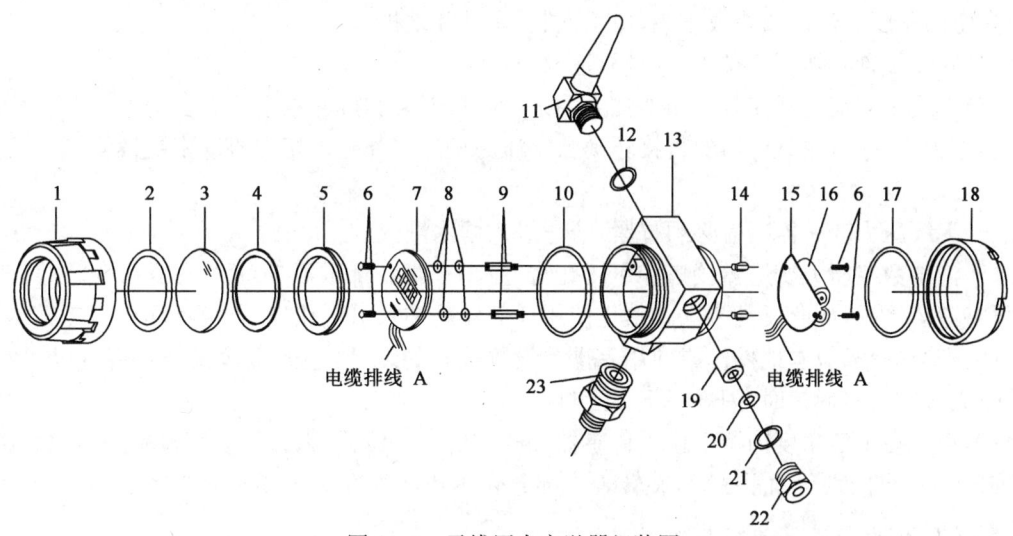

2. 无线压力变送器组成

无线压力变送器主要由压力传感器、信号处理单元、电源管理模块和无线通信模块部分组成。无线压力变送器外形如图1-8所示。

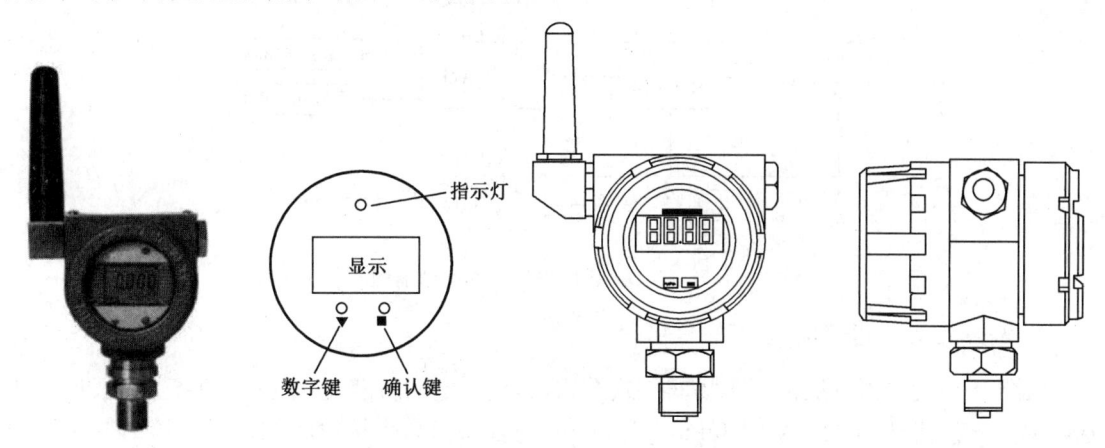

图1-8　无线压力变送器外形图

无线压力变送器外壳为压铸铝合金,前面为装配电路单元的腔体,后面为电池仓,二者分开,更换电池不会触及电路单元。前盖带玻璃视窗,用于直接读取仪表信息;本地按键更改仪表参数时,需要打开前盖。天线接口位于压力表一侧,可以连接天线或天线帽,不用的一侧配有密封盖。压力传感器安装在外壳的下部,由一个锁紧螺丝锁紧。无线压力变送器组装图如图1-9所示。

图1-9　无线压力变送器组装图

1—前盖;2,10,12,17,21—O形橡胶密封圈;3—前盖玻璃;4—密封平垫圈;5—压环;6—螺钉;7—液晶显示器;
8—聚四氟乙烯垫;9—长螺柱;11—天线;13—基座;14—螺柱;15—压力转换模块电路板;18—后盖;
19—橡胶塞;20—平垫圈;22—压紧螺母;23—压力传感器

无线压力变送器是在普通的扩散硅和陶瓷压力传感器基础上通过增加无线数据发送模块和电源管理模块组成的。无线压力变送器无线收发数据，必须采用与之配套的无线数据接收终端(集成在井口或计量间 RTU 中)接收，并通过无线中继器传送到计算机监控系统等配套使用，其结构原理如图 1-10 所示。

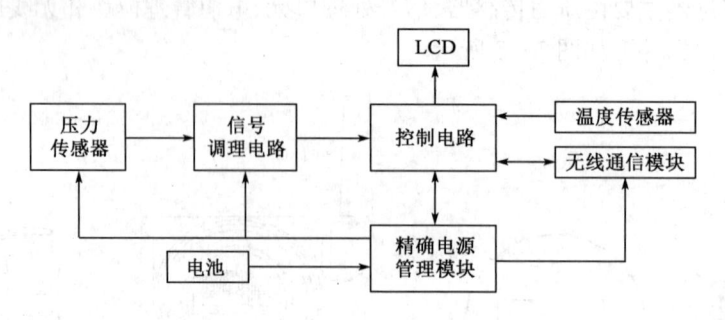

图 1-10　无线压力变送器原理框图

3. 无线压力变送器安装

无线压力变送器一般采用现场安装式结构，具有一定的防潮、防尘密封功能。无线压力变送器测量管接头连接螺纹为 $M20mm \times 1.5mm$，与普通压力表接口相同。无线压力变送器安装应注意以下几点：

(1)安装前请仔细阅读产品说明书，并检查铭牌上所标型号、量程与使用现场是否一致；严禁被测介质的压力或温度超过额定使用范围。

(2)无线压力变送器应尽量安装在温度梯度和温度波动小的地方，当测量主汽井温度超出压力传感器的工作温度范围时，可使用引压管把温度降至无线压力变送器使用温度范围内。

(3)数字压力变送器通常采用管道直接安装方式，建议安装方式：进压孔垂直向下或向下倾斜一定的角度。建议加装截止阀，便于安装、调试和维护。

(4)安装位置必须便于操作，尽量靠近取压点。

(5)无线压力变送器安装时切勿强力冲击、摔打；安装和拆卸数字压力变送器时，应使用扳手旋转压力头的六角螺母，切勿直接转动数字压力变送器外壳。切勿松动密封螺帽，避免潮气进入。

(6)无线压力变送器壳盖必须拧紧，防止进入雨水潮气。

(7)清洁数字压力变送器接口和引压孔时，应将三氯乙烯或酒精注入引压孔中，并轻轻晃动，再将液体倒出，如此反复多次。禁止使用任何器具伸入引压孔内，以免损坏压力传感器。

(8)安装完毕，应本地操作或使用手操器设置仪表的地址信息；检验仪表是否可以正常通信。仪表每次无线通信时，闪烁一下指示灯。

(9)可以在一定角度内调整压力传感器和表体的相对位置，以方便数字显示的读数。调整时松开 2.5mm 内六角锁紧螺丝，旋转表头部分壳体到合适角度，拧紧锁紧螺丝。

4. 无线压力变送器使用与维护

1)无线压力变送器日常使用与检查

无线压力变送器日常使用与检查主要有：

(1)定期进行卫生清扫,保持无线压力变送器及其附件的清洁,每周检查一次取压管路及阀门接头处有无渗漏现象,如有渗漏现象应尽快处理。

(2)每月检查无线压力变送器零部件完整无缺,无严重锈蚀、损坏;铭牌、标识清晰无误;紧固件不得松动;接插件接触良好,端子接线牢固;每月检查一次现场测量线路,包括输入、输出回路是否完好,线路有无断开、短路情况,绝缘是否可靠等。

(3)每月检查仪表零点和显示值的准确性,无线压力变送器零点和显示值准确、真实。按无线压力变送器校准周期定期进行校准。

(4)对无线压力变送器定期进行排污、排凝或放空;对取源管线或测量元件有隔离液的变送器定期灌隔离液。对易堵介质的导压管定期进行吹扫。

(5)长期停用无线压力变送器时,应关闭一次门。

(6)无线压力变送器在运行时,其壳体必须良好接地。用于保护系统的无线压力变送器,应有预防断电、短路或输出开路的措施。

(7)在冬季节应检查仪表取源管线保温伴热是否良好,以免取源管线或变送器测量元件被冻损坏(南方气候温度高,一般不用对管线进行保温)。

2)无线压力变送器使用过程注意事项

无线压力变送器使用过程中注意事项有:

(1)保存好检定证书和合格证,以便维修使用。

(2)低温环境下,为保证准确测量压力,须确保被测介质(液体或气体)的流动性。

(3)为保证精度,量程不同变送器不能相互替代使用。

(4)为节省电源,延长电池寿命,无线压力变送器出厂时都设置成关闭状态。变送器电源启动时,要打开变送器后盖,按下启动电池电源按键,液晶显示器会有显示表示变送器已启动。送电后,无线压力变送器会主动上报数据。无线压力变送器在四种情况下会主动上报数据:①正常的上报间隔周期到了;②低于设置的报警压力时会上报数据;③高于设置的报警压力时会上报数据;④高于设置的允许的压力波动值时会上报数据。

(5)无线压力变送器要与配套的无线接收终端配合使用。同一网络的无线压力变送器和接收终端必须设置相同的通信频段和设备地址(ID地址)。无线压力变送器的ID是唯一的标识号,可参见设备名牌或说明书。现场接收设备通过此设备地址可以知道是哪个压力变送器上报的数据。参数设置完成后无线压力变送器会自动与无线接收终端进行通信,通信成功后按设定的参数传送数据,然后屏幕睡眠,进入低功耗状态。液晶显示压力值的界面下,无任何操作20s后,系统自动进入睡眠模式,液晶没有显示,经过规定的时间间隔(可设置)重新唤醒发送数据,这样可降低功耗,适用无人值守场合。断网后20s内找不到网络,系统会休眠10min后重新寻找网络,若20s内仍找不到网络,继续休眠10min后重新寻找网络,直到通信成功。

3)无线压力变送器电池更换

无线压力变送器电池更换步骤:

(1)将后盖拧开,按下按钮,切断电源。

(2)将底板的两颗固定螺丝拧下,把底板取出。

(3)将新电池和电池舱中的电池对换。注意确认换用电池是否与原装电池型号相符(能量型不可充电的 C/ER26500/3.6V/8.5A·h 锂电池),严禁更换其他型号电池。

(4)安装上底板,并盖紧后盖。

4)无线压力变送器常见故障诊断与处理

无线压力变送器常见故障诊断与处理见表 1-1。

表 1-1　无线压力变送器常见故障诊断与处理

故障现象	原因分析	处理方法
无任何显示	无线压力变送器电源开关未开,电池耗尽或处于睡眠状态	打开电池开关,更换电池或唤醒
在压力恒定时显示或输出不规则跳变	产品外壳接地端未接地	产品外壳接地端与大地可靠连接
无线压力变送器未接压力,但显示不是 0kPa	出厂标定环境的大气压力与现场大气压力有偏差	给无线压力变送器设修正值修正
无线压力变送器显示与测量压力不符	电池电压不足	更换新电池
输出为零	电源极性接反	检查电源极性
输出为零	壳内二极管损坏	将测试端子短路,检查壳内二极管好坏
输出为零		更换变送器外壳
无法通信	电源电压偏低	检查电源电压
无法通信	负载电阻太小	检查负载电阻
无法通信	线路板损坏	更换电子线路板
mA 读数偏高或偏低	输出调整不当	检查压力表变量读数,进行 4～20mA 输出调整
mA 读数偏高或偏低	线路板损坏	更换电子线路板
对于输入压力无反应	电源电压异常	检查测试设备,检查电源电压
对于输入压力无反应	校准设定值有误	校对校准设定值
压力读数偏高或偏低	压力传输发生阻塞	检查压力传输是否阻塞
压力读数偏高或偏低	传感器位置安装不当	进行传感器调整
压力读数偏高或偏低	膜头损坏	检查测试设备

5. 无线压力变送器参数修改及标定

无线压力变送器参数设置流程如图 1-11 所示。首先打开前壳面盖,前面板上有数字键"▲"、确认键"■"两个按钮。通过按钮完成所有参数修改及标定操作。无线压力变送器主菜单显示主要信息,二级菜单显示辅助信息;轻触数字键:显示同级菜单的下一页面;轻触确认键:进入二级菜单;长按确认键:返回主菜单。

如果仪表工作正常,不显示"故障码"页面,缺省页面为"压力"页面;仪表有故障时,"故障码"页面为缺省页面;"故障码"为"Exxxx";"x"为"0"表示无故障,为"1"表示有故障;自左向右,4 位分别表示:内存故障、通信故障、仪表参数故障、压力传感器故障。30s 无按键,返回缺省页面。

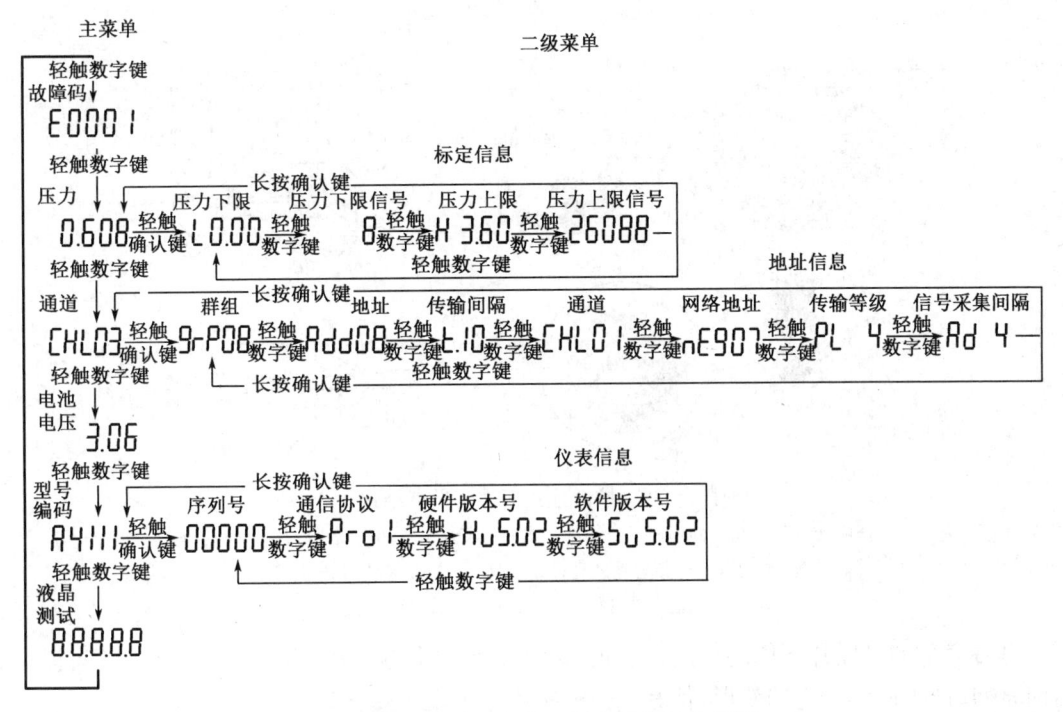

图 1-11 无线压力变送器参数设置流程图

本地更改地址信息菜单(二级菜单)的各参数。在地址信息的任意页面,轻触确认键,进入更改参数状态,LCD闪烁可输入数据位。此时,轻触数字键,该位数字加1(无进位);轻触确认键,可输入数据位循环右移1位;长按确认键:保存更改后的参数,并返回到二级菜单。

仪表上电后,短暂点亮指示灯;每次无线通信时,闪烁一下指示灯。

经过以上操作可以完成所有设定。注意:"标定零点电流"和"标定满量程电流"的选项,在出厂时已标定完成,如果误操作进入,请切断电流退出,不要保存退出。如果觉得显示值不是很准确,可以进入此两项标定。

二、有线压力变送器

目前常用的有线压力变送器有扩散硅式压力变送器、厚膜陶瓷式压力变送器两种,由压力传感器和表头(转换电路)两部分组成。压力传感器一般做成 M20mm 压力表接头的形式,通过螺纹连接到设备或管道上。表头部分用于安装转换电路、显示器及输出信号接线端子。

1. 扩散硅式压力变送器

扩散硅式压力传感器(图1-12)底部封装不锈钢隔离膜片,通过隔离液(如硅油)传压给硅杯。硅杯是由半导体材料(N型单晶硅)制成的测压膜片。背面采用集成电路工艺在特定位置将P型杂质扩散到N型硅片上,形成四个扩散电阻。

扩散硅式压力变送器是基于半导体材料的压阻效应工作的。单晶硅材料在受到外力作用产生极微小应变时,其内部原子结构的变化,导致其电阻率剧烈变化,这种现象称为压阻效应。

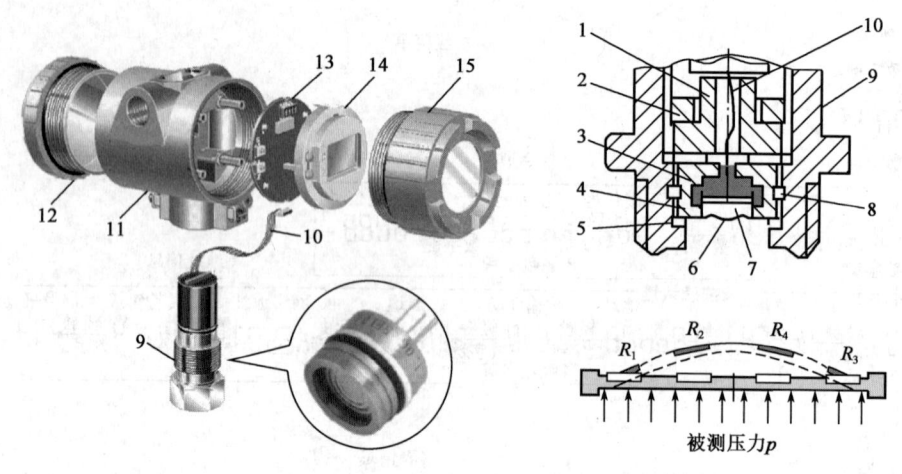

图 1-12　扩散硅式压力变送器结构图

1—压帽；2—压环；3—硅杯；4—传感器芯体；5—密封垫片；6—隔离膜片；7—隔离液；
8—密封圈；9—传感器外壳；10—引线；11—主壳体；12—后盖；
13—信号处理板；14—液晶显示器；15—前盖

硅杯底部的硅膜片下侧高压腔承受被测压力，膜片上方低压腔与大气连通。当硅膜片受压时，膜片产生向上凸起的变形，使其背面的扩散电阻发生变化。

硅膜片上中心部分的扩散电阻 R_2 和 R_4 在硅膜片凸起变形时受拉应力作用，压力作用下电阻增加。边缘部分的扩散电阻 R_1 和 R_3 受压应力作用，压力作用下电阻减小；膜片上的四个扩散电阻构成桥式测量电路，电阻变化时，电桥输出电压与膜片所受压力成线性对应关系。

图 1-13 是扩散硅式压力变送器的测量电路图。扩散硅式压力变送器由扩散电阻桥路、恒流源、电压—电流转换放大电路等组成，构成两线制差压变送器。测量电路由 24V 直流电源供电，其电源电流 I_o 就是输出信号，$I_o=4\sim20\text{mA}$。输出电流 I_o 随应变电阻的改变线性正比变化。在被测压差量程范围内，总的输出电流 I_o 在 $4\sim20\text{mA}$ 范围内变化。

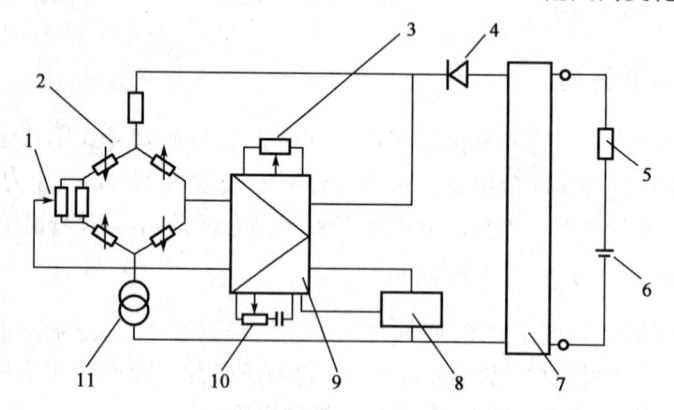

图 1-13　扩散硅式压力变送器测量电路图

1—零点调整；2—扩散电阻桥路；3—阻尼调整电位器；4—反响保护二极管；
5—负载；6—电源；7—防浪涌避雷器；8—输出电流限制电路；
9—电压—电流转换放大器；10—量程调整电位器；11—恒流源

2. 厚膜陶瓷式压力变送器

厚膜陶瓷式压力变送器如图1-14所示,采用氧化铝陶瓷膜片作为感压元件,粘接在陶瓷基片上,利用厚膜技术将压敏电阻材料印刷在陶瓷膜片背面,经烧结形成四个压敏电阻组成电桥。

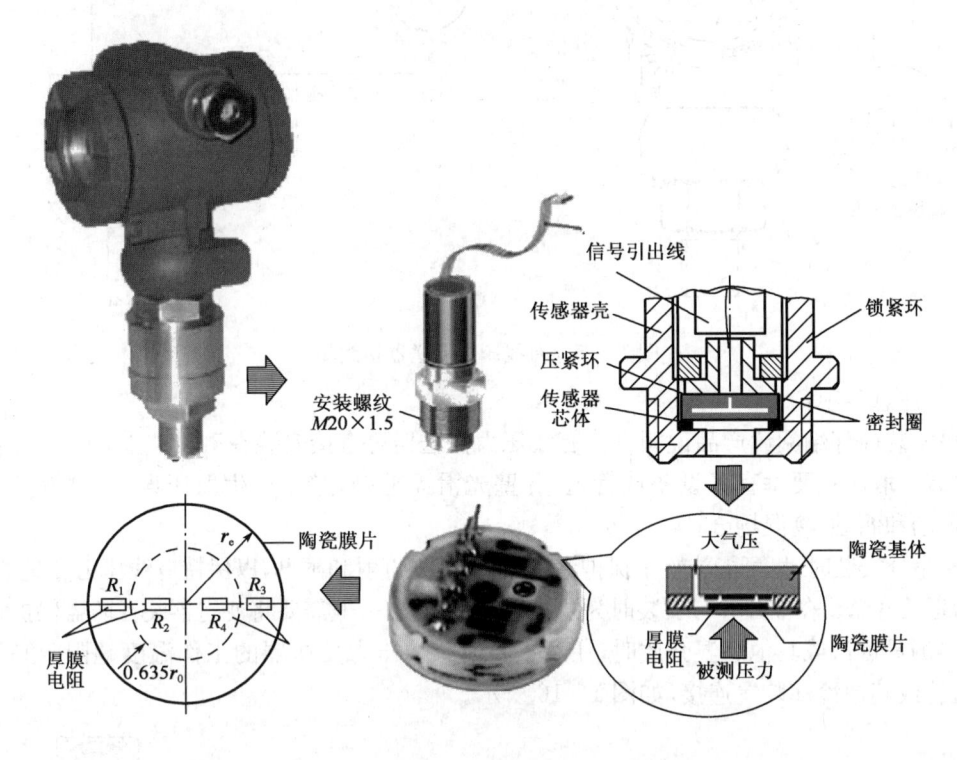

图1-14 厚膜陶瓷式压力变送器结构图

被测介质的压力直接作用于陶瓷膜片上,不需要隔离膜片。使膜片产生与介质压力成正比的微小位移,陶瓷膜片上的压敏电阻发生变化,经电子线路检测后,转换成对应的标准信号(4~20mA)输出。

厚膜电阻由激光补偿修正,内置微处理器按程序自动进行温度补偿,并保证了变送器零位、满度和温度特性的稳定性,测量精度大大提高。转换部分电路及原理与扩散硅式压力变送器相同,此处不再重复。

3. 有线压力变送器的安装

有线压力变送器安装接线时,先拧下后盖,将引线电缆从接线孔、橡胶密封件中穿过后,将电缆线芯剥去绝缘皮、刮去氧化铜锈、压上线鼻后,用端子螺钉压紧到标注有"OUT"或"24V"侧"+""-"两个端子上。另外两个标注"TEST"的端子用于连接测试用的指示表,其上的电流和信号端子上的电流一样,都是4~20mA DC。有线压力变送器接线图如图1-15所示。

接线时不要将电源信号线接到测试端子,否则电源会烧坏连接在测试端子的二极管,如果二极管被烧坏,需换上二极管或短接两测试端子,变送器便可正常工作。

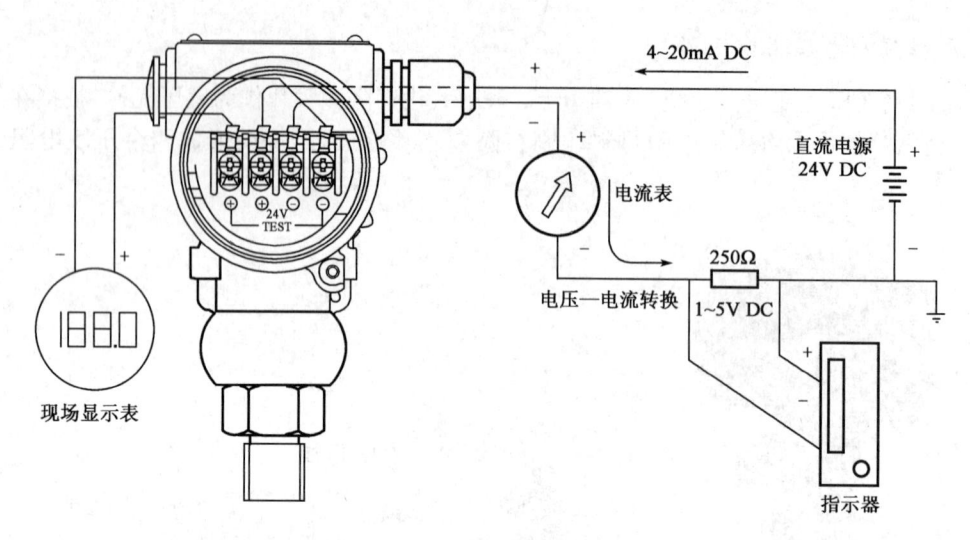

图 1-15 有线压力变送器接线图

安装注意事项：

(1) 安装前仔细阅读产品说明书。有线压力变送器可直接安装在测量点上，也可以通过导压管安装。取压孔要垂直于设备或管道，孔壁光滑无毛刺，避免产生取压误差。尽量避开高温、强振动和腐蚀、潮湿场合。

(2) 室外安装时，尽可能放置于保护盒内，避免阳光直射和雨淋，以保持有线压力变送器性能稳定和延长寿命。在油井井口安装时为防止破坏和雨淋，一般需要将变送器装在防盗保护箱中。

(3) 测量蒸汽或其他高温介质时，注意不要使有线压力变送器的工作温度超限。必要时，加引压管或其他冷却装置连接，如图 1-16 所示。

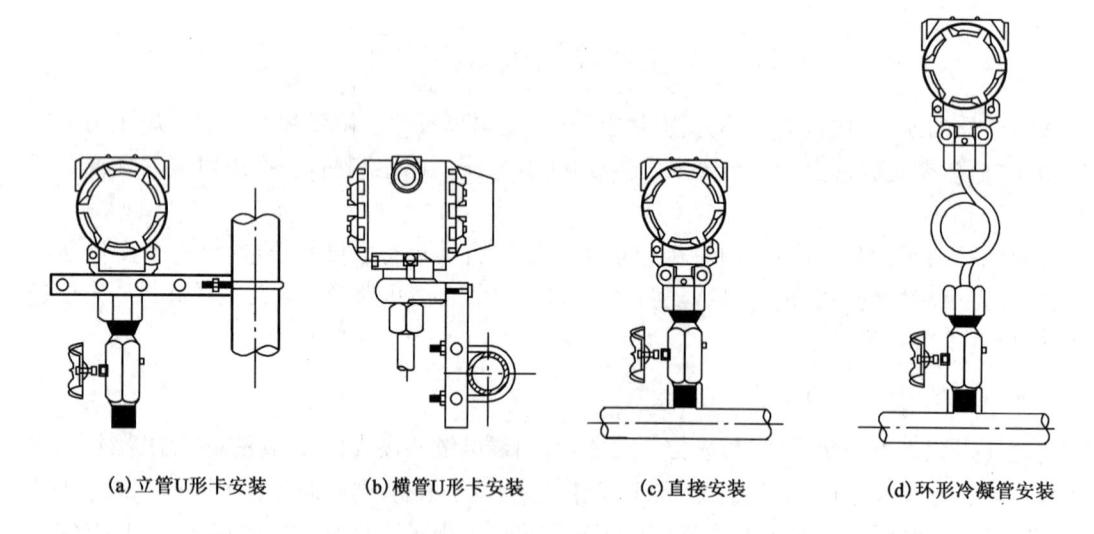

(a) 立管U形卡安装　　(b) 横管U形卡安装　　(c) 直接安装　　(d) 环形冷凝管安装

图 1-16 有线压力变送器安装

(4) 安装时应在有线压力变送器和取压点之间加装压力表阀，以便检修，防止取压口堵塞而影响测量精度。在压力波动范围大的场合还应加装压力缓冲装置。

(5)有线压力变送器在安装和拆卸时,须使用扳手拧动有线压力变送器压力接头,严禁直接拧动表头,避免损坏相关连接部件。

(6)严禁敲打、撞击、摔跌有线压力变送器,严禁用尖硬物、螺丝刀、手指直接按压膜片试压,这样最容易造成不可修复性损坏。

(7)电路正确连接完成后,表盖须用专用工具拧紧,压紧 O 形密封圈,防潮防水。接线孔中引线电缆必须用出线密封件密封电缆,有防爆要求的场合出线电缆必须封装到防爆挠性软管中通过电缆保护钢管连接。外壳另一侧的接线孔,必须用具有密封圈的丝堵旋紧密封。

4. 有线压力变送器调校

有线压力变送器在安装投产之前或装置检修时都要进行校验;在存放期超过 1 年、长时间运行后,出现大于精度范围内的误差时都要进行调校。

有线压力变送器校验时需要 24V DC 稳压电源、4½位数字电流表、标准电阻箱、压力校验仪(活塞压力计、高精度数字压力计)等标准仪器。

连接压力变送器与压力校验仪,连接稳压电源、电流表与压力变送器信号输出端子,接通电源,稳定 5min 即可通压测试,如图 1-17 所示。

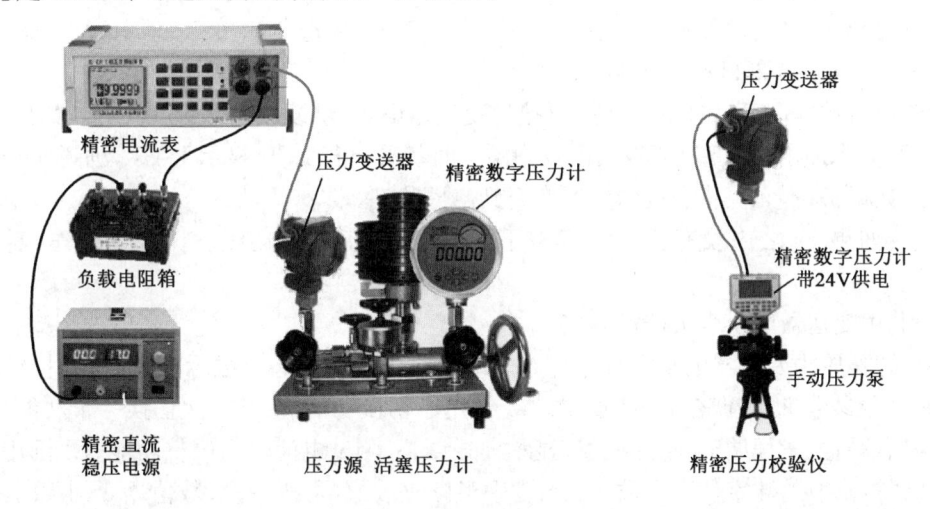

图 1-17 有线压力变送器调校

用压力校验仪给变送器输入零位时的压力信号,若变送器零位压力为零(表压),则把变送器直接与大气相通。此时变送器输出电流为 4.00mA,若不等于此值,可通过调整零位电位器改变,如图 1-18(a)所示。

用压力校验仪给变送器输入满量程压力信号,变送器输出 20.00mA,若不等于此值,可改变量程电位器调整。零点和量程调整会有相互影响,需要反复调整零点、量程几次才能达到要求。

调零电位器和调量程电位器的位置,各厂家的压力变送器有所不同,一般位于电路板上,有的延伸到表外,不用开盖即可调整,如图 1-18(b)所示。

以智能变送器为例,其参数及功能设置方法如图 1-18(c)所示。

(a) 普通模拟式压力变送器　(b) 电位器延伸到表外　(c) 罗斯蒙特1151型智能压力变送器　(d) 国产智能压力变送器

图1-18　压力变送器调节

(1) 利用变送器零点、量程按键调整。

①松开变送器顶部标牌上的螺钉,露出零点 Z、量程 S 调整按钮。

②按键开锁:同时按下 Z 和 S 键5s 以上,便可开锁(LCD 屏幕显示:OPEN)。

③零点调整:对变送器施加零点压差(不一定为零),按下 Z 键5s,变送器输出 4.000mA 电流,完成调零操作(LCD 屏幕显示:LSET)。

④量程调整:对变送器施加上限压差,按下 S 键5s,变送器输出 20.000mA 电流,完成调满量程操作(LCD 屏幕显示:HSET)。

⑤变送器数据恢复:先按住 Z 键,再接通变送器电源,继续按住 Z 键5s 以上,如果 LCD 屏幕显示 OK,则说明已将变送器数据恢复到出厂时状态。若 LCD 显示 FAIL,则说明未对变送器进行过数据备份,无法将变送器数据恢复到出厂状态。

注意:如果 5s 之内没有任何按键按下,变送器按键会自动锁住。若要操作,需要重新开锁。

(2) 利用变送器电子表头按键调整。

某型智能压力变送器电子表头上有 M、Z、S 三个按键和 LCD 显示屏,通过三按键配合使用,对变送器参数进行调整和功能设置。M 键用于切换功能,每按一次切换一个功能,依次循环切换零点调整、量程调整、阻尼调整、显示模式调整、测试电流输出调整功能。Z 键用于移动光标,选择被修改的数字位和小数点。S 键用于修改数值,每按一次,数值增1,小数点右移一位。调整流程如图1-19所示。图中〈M〉、〈Z〉、〈S〉分别表示按电子表头上的 M 键、Z 键、S 键一次。

智能压力变送器一般可以通过专用通信设备(如计算机、手持操作器等)通信,实现多种参数的组态与调整。3051C 型智能压力变送器及 FX—H375 HART 手操器外形见图1-20(a)、(b)。手操器上带有键盘和液晶显示器,它可以接在现场变送器的信号端子上,就地设定或检测,也可以在远离现场的控制室中,接在变送器的信号线上进行远程设定及检测。

对 3051C 型智能压力变送器的设置与调整(称为组态),可以通过手操器或任何支持 HART 通信协议的上位机来完成。组态可分为两部分:一是设定变送器的工作参数,包括测量范围、线性或平方根输出、阻尼时间常数、工程单位选择;二是向变送器输入信息性数据,以便对变送器进行识别与描述,包括给变送器指定工位号、描述符等。

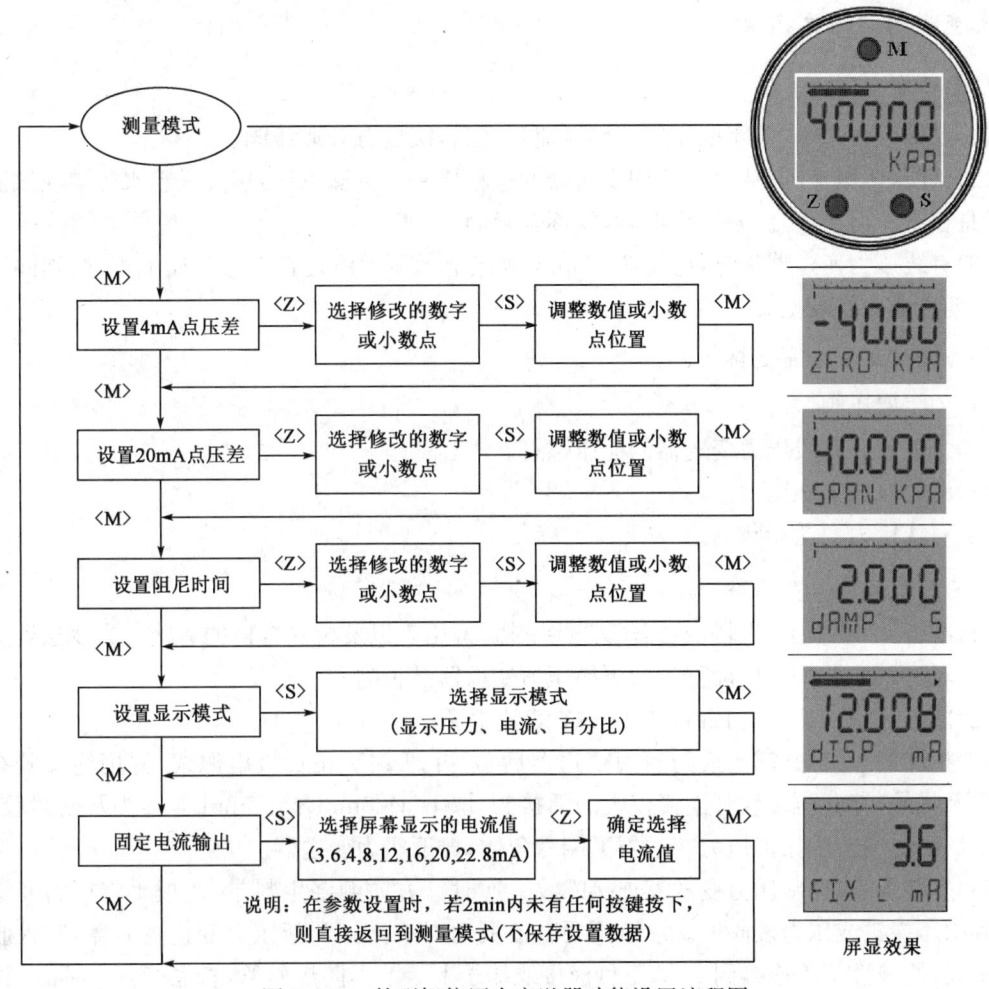

图 1-19　某型智能压力变送器功能设置流程图

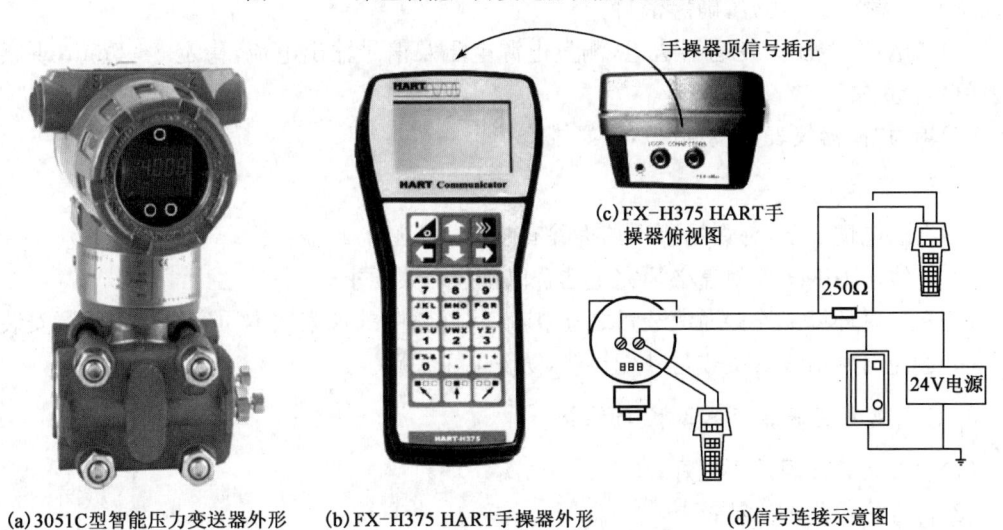

图 1-20　3051C 型智能压力变送器和手操器

(a) 3051C 型智能压力变送器外形　(b) FX-H375 HART 手操器外形　(c) FX-H375 HART 手操器俯视图　(d) 信号连接示意图

5.变送器启停更换操作

1)启运有线压力变送器

(1)在倒流程之前,关闭取压阀。倒通流程之后,缓慢打开取压阀。

(2)试漏(试漏范围:从引压孔到变送器的过程接头。试漏方法:用洗衣粉水覆盖在试漏位置,看是否有气泡产生)。若发现泄漏,需逐个紧固。

(3)有线压力变送器送电,稳定3～5min,观察显示压力值是否正常。如不正常,须卸下有线压力变送器更换或检修。

2)停运有线压力变送器

(1)关闭取压阀。

(2)缓慢旋开有线压力变送器的泄压螺钉。

(3)泄放取压系统压力。

(4)有线压力变送器断电。

3)更换有线压力变送器

(1)准备:活动扳手、生料带、螺丝刀、尖嘴钳、万用表以及校验合格的有线压力变送器。仔细核对新压力变送器零点、量程与所更换压力变送器是否吻合。

(2)断电:断开PLC或RTU上的24V直流电源。

(3)拆卸旧表:打开需更换的压力变送器后盖,拆掉24V正负极电源线,并用绝缘胶布包好线头及线号,卸开防爆软管连接仪表的活接头,取下$M20mm \times 1.5mm$连接头及密封胶圈,抽出电源线。用扳手扣紧压力变送器下端六角体,拧下压力变送器。

(4)安装新表:在新压力变送器连接螺纹上逆时针方向缠绕生料带,用扳手将压力变送器拧紧到引压接头或压力表阀上。注意不要直接扳动表头。打开新压力变送器后盖,穿入胶圈及电源线,按极性正确连接到24V正负极接线端子上。装上防爆软管,拧紧变送器后盖,注意进线及前后盖密封圈良好,确保密封。

(5)通电:有线压力变送器送电,测量电源电压及信号输出电流,稳定3～5min,观察显示压力值是否正常。

(6)填写"仪器仪表更换台账",做好维修记录。

4)安全要求

(1)在通电情况下,易爆场所严禁拆除有线压力变送器封盖。

(2)有线压力变送器封盖必须完全啮合以符合隔爆要求。

(3)在易爆环境下连接通信装置之前,应确保回路中的仪表按本质安全规程进行安装。

(4)避免与两引线短接或与外壳接触,防止电源短路。

6.有线压力变送器日常巡检与维护

(1)检查仪表外观是否完好;

(2)检查接线是否松动;

(3)检查密封是否完好;

(4)检查信号线缆是否破损;
(5)检查控制阀门是否全开;
(6)根据维保计划进行现场维护;
(7)紧固松动的信号线缆;
(8)更换破损的密封胶圈;
(9)更换破损的信号线缆;
(10)疏通堵塞的引压管;
(11)全开控制阀门。

7. 故障诊断与处理

有线压力变送器故障诊断与处理方法见表1-2。

表1-2 有线压力变送器常见故障诊断与处理

故障现象	故障原因诊断	处理方法
无任何显示	检查电源是否送电	检查正负端子处是否有电压,重新送电
	检查接线端子是否锈蚀、接触不良	除锈、重新压紧
	检查电源引线是否断线	电源断电后短路变送器处正负端子,在电源侧测量引线电阻
	检查电源极性是否接反	调换变送器处正负电源线
	检查仪表供电是否正常(13~45V)	检查电源电压是否正常(24V)
	检查电子线路板是否损坏	检查并更换电子线路板
有显示,但一直显示压力为零,输出信号为4mA	检查管道设备内有无压力	检查管道内是否存在压力
	检查引压管阀门是否打开	打开引压管阀门
	检查压力表阀是否放空	关闭压力表阀放空螺钉
	检查引压管是否堵塞	疏通引压管线
	检查电子线路板是否损坏	检查并更换电子线路板
压力变送器显示读数不稳定	检查隔离膜片是否变形或蚀坑	更换隔离膜片
	检查导压管、变送器有无泄漏或堵塞	疏通
	检查是否有外界电磁干扰	避开干扰源,重新配线并良好接地
	管道是否存在杂物,形成流体扰动	清除杂物
	检查感压膜头表面是否损伤	更换感压膜头
	检查设备和管线压力是否波动	消除压力波动或增加变送器阻尼时间
	电子线路板损坏	检查并更换电子线路板
输出电流信号不稳定	检验变送器的电压和电流是否正常	维修电源、更换引线电缆
	检查接线端子是否锈蚀、接触不良	除锈、重新压紧
	检查是否有外部电气干扰	避开干扰源,重新配线并良好接地
	检查设备和管线压力是否波动	消除压力波动或增加变送器阻尼时间
	检查4mA和20mA量程是否正确	重新校验零点、量程
	检验输出是否在报警状态	重新设置

续表

故障现象	故障原因诊断	处理方法
输出电流信号不稳定	检查是否电子线路板损坏	检查并更换电子线路板
	检查是否感压膜头损坏	检查并更换感压膜头
变送器对压力变化没有响应	检查取压管上的阀门是否正常	打开或疏通引压管及阀门
	检查取压管路阀组是否发生堵塞	疏通阀组
	检查变送器的保护功能跳线开关	重新设置
	核实压力是否超出测量范围	重新校验零点、量程
	检查传感膜头表面是否损伤	更换传感膜头
	检查变送器是否在回路测试模式	重新设置
	电子线路板损坏	检查并更换电子线路板
	感压膜头损坏	检查并更换感压膜头
变送器不能用 HART 通信装置通信	检查变送器电源电压是否符合要求	更换引线电缆或电源
	检查回路电阻,最小为 250Ω	串接回路电阻
	检查单元地址是否正确	重新设置
	检验输出是否在 4~20mA 之间	重新校验零点、量程
	电子线路板损坏	检查并更换电子线路板
	感压膜头损坏	检查并更换感压膜头

导致有线压力变送器损坏的原因有以下几点:

(1)变送器内隔离膜片与传感元件间的灌充液漏,使感压膜片受力不均,使其测量失准。

(2)由于被雷击或瞬间电流过大,变送器膜盒内的电路部分损坏,无法进行通信。

(3)黏污介质在变送器隔离膜片和取压管内长时间堆积,导致变送器精度逐渐下降,仪表精度失准。

(4)由于介质对感压膜片的长期侵蚀和冲刷,使其出现腐蚀或变形,导致仪表测量失准。

(5)变送器的电路部分长时间处于潮湿环境或表内进水,电路部分发生短路损坏,使其不能正常工作。

(6)变送器量程选择不当,变送器长时间超量程使用,造成感压膜片不可修复的变形。

(7)变送器取压管发生堵塞、泄漏,导致变送器受压无变化或输出不稳定。

(8)变送器的取压管发生堵塞、泄漏或操作不当,因感压膜片单向受压,使变送器损坏。

第三节 温度变送器

油水井产液温度采集由温度变送器实现。温度变送器是将温度变量转换为可传送的标准化输出信号的仪表,主要用于工业过程温度参数的测量和控制。温度变送器根据通信方式不同,也有有线温度变送器和无线温度变送器之分。

一、无线温度变送器

无线数字温度变送器是将温度转换为标准无线通信信号的仪表,在井场条件下使用无线温度变送器具有独特的优越性。

1. 性能及特点

无线温度变送器一般采用 3.6V/8.5Ah 锂电池供电,具有无线通信功能。无线温度变送器遵照 IEEE802.15.4 标准,以 2.4GHz ZigBee 无线传输数据,具有故障诊断功能;既可以通过按键本地设定仪表参数,也可以通过无线通信远程设定仪表参数。由于采用电池供电,因此无须现场布线,大大节省了现场安装布线成本,方便安装使用。同时,无线温度变送器抗过载和抗冲击能力强、温度漂移小、稳定性高,具有本安防护等级,可用于防爆 1 区和 2 区,具有抗过载、防雷击、抗振动、防电磁干扰的优越性能。

无线温度变送器一般具有 16 个物理信道,65535 个网络地址(ID)可设,组网能力强。发射频率:2.4GHz(2.4～2.485GHz),通信距离小于 300m。电池供电,可持续工作 1～2 年。

2. 结构及组成

无线温度变送器是在一体化温度传感器基础上通过增加无线数据发送模块和电源管理模块组成的。其外形及结构见图 1-21、图 1-22。

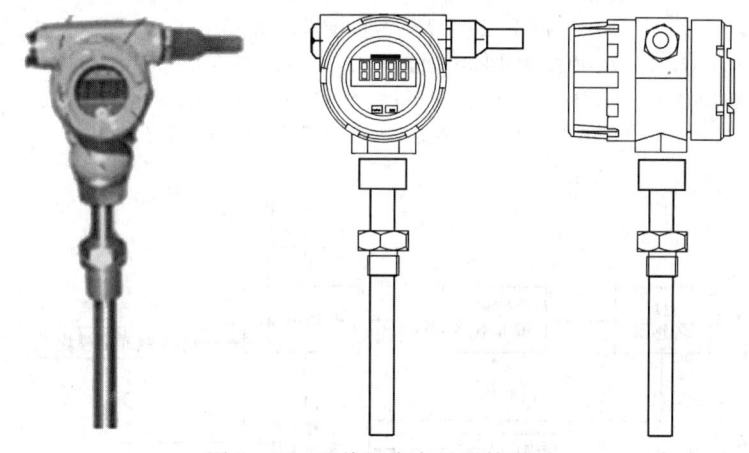

图 1-21 无线温度变送器外形图

无线温度变送器组成原理见图 1-23,主要由温度传感器(热电偶、热电阻)、信号处理单元、电源管理模块和无线通信模块部分组成。

无线温度变送器外壳为压铸铝合金,前面为装配电路单元的腔体,后面为电池仓;二者分开,更换电池不会触及电路单元。前盖带玻璃视窗,用于直接读取仪表信息;本地按键更改仪表参数时,需要打开前盖。天线接口位于压力表一侧,可以连接天线或天线帽,不用的一侧配有密封盖。温度传感器安装在外壳的下部,由一个锁紧螺丝锁紧。

3. 安装要求

(1)安装前请仔细阅读产品说明书,并检查铭牌上所标型号、量程与使用现场是否一致;严禁被测介质的压力或温度超过额定使用范围。

(2)无线温度变送器应尽量安装在反映真实温度的地方,避免装在死角、拐弯及温度散失大的地方。当测量注汽井温度超出温度传感器的工作温度范围时,无线温度变送器有可能指示不对或损坏。

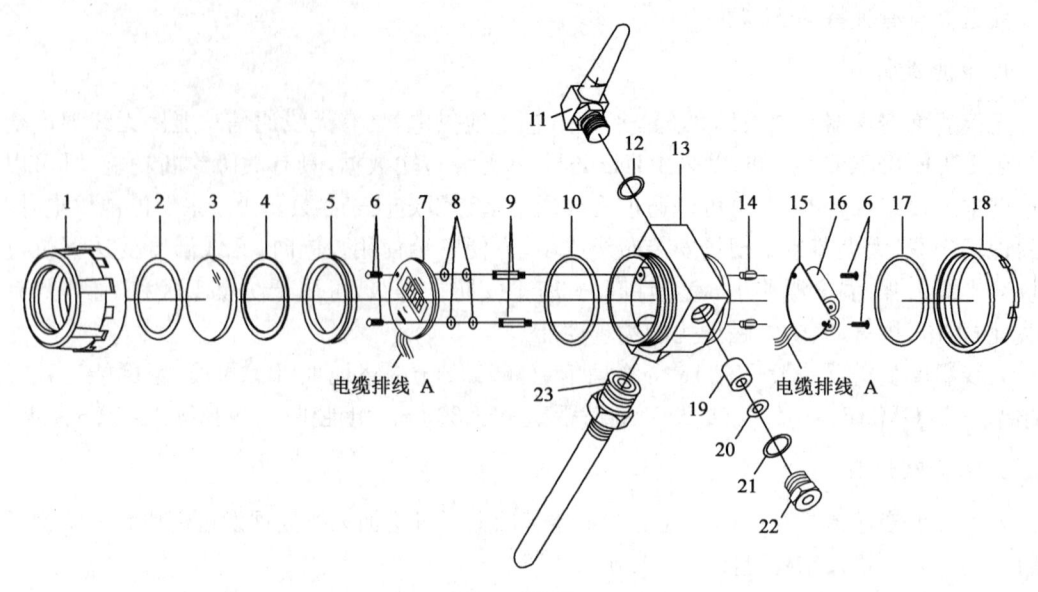

图 1-22 无线温度变送器结构图

1—前盖；2,10,12,17,21—O形橡胶密封圈；3—前盖玻璃；4—密封平垫圈；5—压环；6—螺钉；7—液晶显示器；8—聚四氟乙烯垫；9—长螺柱；11—天线；13—基座；14—螺柱；15—信号调理模块电路板；18—后盖；19—橡胶塞；20—平垫圈；22—压紧螺母；23—温度传感器

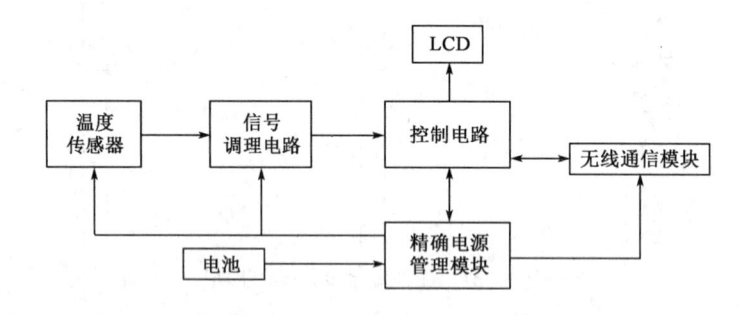

图 1-23 无线温度变送器组成原理框图

(3) 无线温度变送器通常采用管道直接安装方式，建议垂直向下或向下倾斜一定的角度。

(4) 安装位置必须便于操作，便于安装、调试和维护。

(5) 无线温度变送器安装时切勿强力冲击、摔打；安装和拆卸数字温度变送器时，应使用扳手旋转压力头的六角螺母，切勿直接转动数字温度变送器外壳。切勿松动密封螺帽，避免潮气进入。

(6) 无线温度变送器壳盖必须拧紧，防止进入雨水潮气。

(7) 安装完毕，应本地操作或使用手操器设置仪表的地址信息；检验仪表是否可以正常通信。仪表每次无线通信时，闪烁一下指示灯。

(8) 可以在一定角度内调整温度传感器和表体的相对位置，以方便数字显示的读数。调整时松开2.5mm内六角锁紧螺丝，旋转表头部分壳体到合适角度，拧紧锁紧螺丝。

4.使用与维护

为节省电源,延长电池寿命,无线温度变送器出厂时都设置成关闭状态。变送器电源启动时,要打开变送器后盖,按下启动电池电源按键,液晶显示器会有显示表示变送器已启动。

送电后,无线温度变送器会主动上报数据。无线温度变送器在四种情况下会主动上报数据,一是正常的上报间隔周期到了;二是低于设置的报警温度时会上报数据;三是高于设置的报警温度时会上报数据;四是高于设置的允许的温度波动值时会上报数据。

无线温度变送器要与配套的无线接收终端配合使用。同一网络的无线变送器和接收终端必须设置相同的通信频段和ID地址。温度变送器的ID地址是唯一的标识号,可参见设备名牌或说明书。现场接收设备通过此设备地址可以知道是哪个温度变送器上报的数据。

参数设置完成后变送器会自动与无线接收终端进行通信,通信成功后按设定的参数传送数据,然后屏幕睡眠,进入低功耗状态。液晶显示温度值的界面下,无任何操作20s后,系统自动进入睡眠模式,液晶没有显示,经过规定的时间间隔(可设置)重新唤醒发送数据,这样可降低功耗,适用无人值守场合。断网后20s内找不到网络,系统会休眠10min后重新寻找网络,若20s内仍找不到网络,继续休眠10min后重新寻找网络,直到通信成功。

无线温度变送器电池更换步骤:

(1)将后盖拧开,按下按钮,切断电源。

(2)将底板的两颗固定螺丝拧下,把底板取出。

(3)将新电池和电池舱中的电池对换。注意确认换用电池是否与原装电池型号相符(能量型不可充电的C/ER26500/3.6V/8.5Ah锂电池),严禁更换其他型号电池。

(4)安装上底板,并盖紧后盖。

5.温度测量仪表与元件的安装

(1)感温元件与被测介质能进行充分的热交换。

(2)感温元件应与被测介质形成逆流。

(3)避免热辐射所产生的测温误差。

(4)避免感温元件外露部分的热损失所产生的测温误差。

(5)避免热电偶与火焰直接接触。

(6)负压管道、设备中,必须保证其密封性,以免外界冷空气袭入,降低测量指示值。

(7)压力式温度计的温包中心与管道中心线重合,应自上而下垂直安装,毛细管不应受拉力,不应有机械损伤。

(8)接线盒出线孔应向下,以防水汽、灰尘与脏物等落入接线盒中影响测量。

(9)水银温度计只能垂直或倾斜安装,同时需观察方便,不得水平、倒装。

二、有线温度变送器

1.性能及特点

有线温度变送器具有抗过载、抗冲击、高精度、较好的稳定性、高品质、低价位、能适应各种工业应用的特点。主体电路工艺材料先进,密封固化与外部完全隔离,能满足防潮、防水、防爆、防腐、防尘等恶劣工况的要求,是精密机械加工、温度补偿和模拟信号处理技术的结晶。

有线温度变送器具有多种型号,能与多种材料相连接,用于测量各种生产过程中的-100~500℃范围内液体、蒸汽和气体介质以及固体表面温度等。有线温度变送器由测温元件和变送器模块两部分构成,变送器模块把热电偶、热电阻的输出信号 E_t、R_t 转换成为 4~20mA DC 标准统一信号输出。

配热电偶的一体化温度变送器有不同的分度号,如 E、K、S、B、T 等,一般内部设置冷端温度补偿电路,无须另外增加冷端温度补偿措施。配热电阻的一体化温度变送器分度号有 Pt10、Pt100、Cu50 和 Cu100 四种。一体化温度变送器一般具有非线性补偿电路,输出电流信号与温度呈线性关系。

温度变送器额定电源电压为 24V,额定负载电阻 250Ω,但允许用于 12~35V 的电源电压下,不过负载电阻应适当改变。

一体化温度变送器的基本误差不超过量程的±0.5%,环境温度影响约为每1℃变动不超过 0.05%,可用于-25~80℃的环境中。它具有体积小、不需调整维护、无须补偿导线、抗干扰能力强等特点。电路部分全部采用硅橡胶或树脂密封结构,适应生产现场环境。根据需要可以配装显示表头,就地指示被测温度。

变送器在出厂前已经调校好,使用时一般不必再做调整。如果使用中误差变大,可以用零点、量程两个电位器进行微调。调校变送器时,必须用 24V DC 标准电源,用电位差计或精密电阻箱提供校验信号,多次重复调整零点和量程即可达到要求。

2.结构组成

有线温度变送器外观、结构如图 1-24、图 1-25 所示。

3.接线

图 1-26 是有线温度变送器接线图。

简单 485 输出测试:接上 24V 电源后,485 线路断开,只留出端子口,使用万用表测量 485 的正负输出电压。简单 4~20mA 输出测试,测量两端子之间的电流信号。

4.安装要求

(1)安装前请仔细阅读产品说明书,并检查铭牌上所标型号、量程与使用现场是否一致;严禁被测介质的压力或温度超过额定使用范围。

(2)有线温度变送器应尽量安装在反映真实温度的地方,防止装在死角、拐弯及温度散失大的地方。当测量注汽井温度超出有线温度传感器的工作温度范围时,变送器有可能指示不对或损坏。

(3)有线温度变送器通常采用管道直接安装方式,建议垂直向下或向下倾斜一定的角度。

(4)安装位置必须便于操作,便于安装、调试和维护。

(5)有线温度变送器安装时切勿强力冲击、摔打;安装和拆卸数字温度变送器时,应使用扳手旋转压力头的六角螺母,切勿直接转动数字温度变送器外壳。切勿松动密封螺帽,避免潮气进入。

图 1-24 有线温度变送器外观

图 1-26 有线温度变送器接线

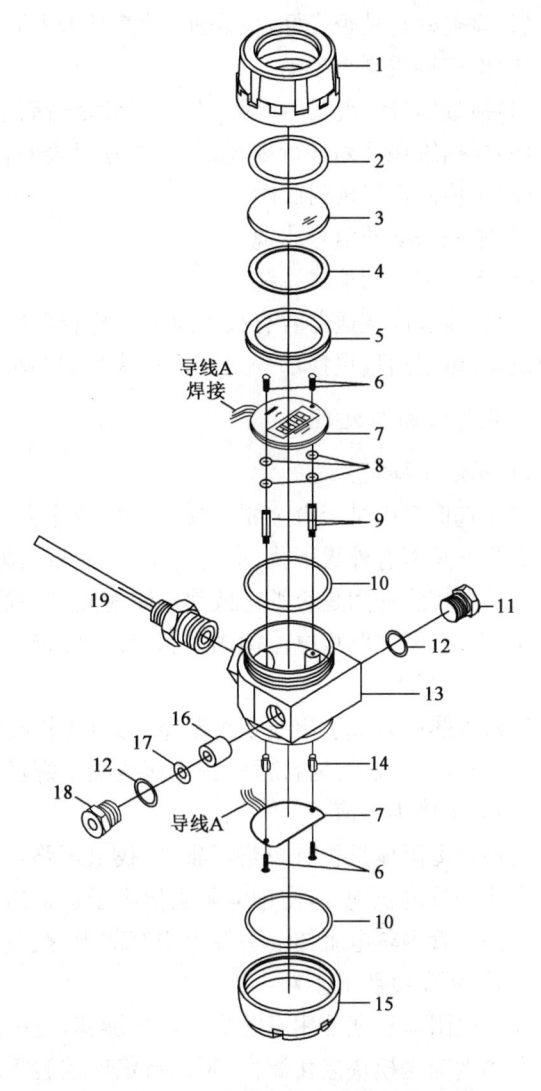

图 1-25 有线温度变送器结构组成
1—上盖；2—橡胶密封圈；3—透明片；4—大平垫片；5—压环；
6—螺钉；7—电路模块；8—聚四氟乙烯垫；9—长铜螺柱；10—大O
形密封圈；11—堵头；12—O形圈；13—中轴；14—铜螺柱；15—下盖；
16—像胶塞；17—平垫片；18—压紧螺母；19—温度传感器

(6)有线温度变送器壳盖必须拧紧,防止进入雨水潮气。

(7)安装完毕,应本地操作或使用手操器设置仪表的地址信息;检验仪表是否可以正常通信。仪表每次无线通信时,指示灯闪烁一下。

(8)可以在一定角度内调整温度传感器和表体的相对位置,以方便数字显示的读数。调整时松开 2.5mm 内六角锁紧螺丝,旋转表头部分壳体到合适角度,拧紧锁紧螺丝。

5.日常巡检与维护

(1)检查仪表外观是否完好。

(2)检查密封是否完好,仪表前、后盖是否上紧,仪表是否进水。
(3)检查接线是否松动。
(4)检查信号线缆是否破损,防爆挠管是否破损等。
(5)根据维保计划进行现场维护,做好仪表的日常清洁工作。
(6)更换破损的密封胶圈。
(7)紧固松动的信号线缆。
(8)更换破损的信号线缆。
(9)有线温度变送器若有故障应分别检查热电阻、变送器部分,若单独是热电阻或变送器部分故障,可以通过更换部分元件重新装配的办法来维修,装配完毕后的仪表应重新校验。

6.故障诊断与处理
(1)示值不稳定:
①检查保管内是否有金属杂质、灰尘,应除去金属杂质,清扫灰尘、水滴等。
②检查是否有外界干扰,应避开干扰源,重新配线并接地。
③检查接线柱间是否脏污或热电阻短路,应找到短路点,加强绝缘。
④检查电子线路板电流输出是否错误,应定期对仪表进行校验。
(2)显示过大:
①检查热电阻或引出线是否断路,修复焊接断路点或更换电阻丝。
②检查接线端子是否松开,拧紧接线端子螺丝。
(3)显示值为负值:
①检查电阻体是否有短路现象,应找出短路点,加强绝缘。
②保护管内积潮气,使铂电阻阻值小于正常值。
③保护管内热电阻体及引线上积有灰尘,接线柱间脏污及热电阻短路。
(4)指示温度明显不对:
①热电阻丝长期使用腐蚀变质产生漂移,更换热电阻。
②温度变送模块老化漂移,须进行定期校验重新调整。
(5)温度数据显示"-9999":
①瞬间电流大、雷击,导致电路板烧坏,更换电路板。
②表内进水,导致表内锈蚀,变送器不能正常工作,应加强表体的密封。
③变送器电路板老化,导致示值漂移,测温产生过大偏差,应更换电路板。

第四节　无线一体化温度压力变送器

一、无线一体化温度压力变送器特点和结构

1.性能特点

无线一体化温度压力变送器是在无线压力变送器的基础上增加温度传感探头及测量电

路,制成的一种同时测量温度、压力双参数的复合仪表。它采用微功耗无线通信模式,不需要接线,安装更为快捷、安全、方便,另有配套的无线转接设备,可将诸多无线压力和温度信号转换为 MODBUS 标准信号通过以太网或串口传输,能够方便地接入测控系统,有着广泛的应用层面。

无线一体化温度压力变送器遵照 IEEE802.15.4 标准,以 2.4GHz ZigBee 无线传输数据,既可以通过按键本地设定仪表参数,也可以通过无线通信远程设定仪表参数,具有抗过载、防雷击、抗振动、防电磁干扰和抗冲击能力强、温度漂移小、稳定性高的优良特性,具有本安防护等级,可用于防爆1区和2区。

无线一体化温度压力变送器,压力测量范围 0~70MPa,温度测量范围 0~100℃。测量精度 0.5 级。测量介质:气体、蒸气、液体;电池供电,3 年免维护。

2. 结构组成

如图 1-27 为无线一体化温度压力变送器外观。变送器外壳为压铸铝合金,前面为装配电路单元的腔体,后面为电池仓,二者分开,更换电池不会触及电路单元。前盖带玻璃视窗,用于直接读取仪表信息;本地按键更改仪表参数时,需要打开前盖。天线接口位于变送器的一侧,可以连接天线或天线帽,另外一侧连接温度探头的电缆,电缆及温度探头通过防水航空插头插接。传感器安装在外壳的下部,由一个锁紧螺丝锁紧。

图 1-27 无线一体化温度压力变送器外观

无线一体化温度压力变送器正常上电,进入正常工作模式。在仪表的左上角晃动磁块,变送器进入配置模式,5min 后,自动切回正常工作模式;如果采用新协议通信,也可以使用通信命令,使仪表立即切换到正常工作模式。

二、无线一体化温度压力变送器的安装与维护

1. 安装注意事项

无线一体化温度压力变送器安装过程中应注意以下几个方面:

(1)安装前请仔细阅读产品说明书,并检查铭牌上所标型号、量程与使用现场是否一致;严禁被测介质的压力或温度超过额定使用范围。

(2)无线一体化温度压力变送器应尽量安装在温度梯度和温度波动小的地方,当测量井温

度超出传感器的工作温度范围时,可使用引压管把温度降至变送器使用温度范围内。

(3)无线一体化温度压力变送器通常采用管道直接安装方式,建议安装方式:进压孔垂直向下或向下倾斜一定的角度。建议加装截止阀,便于安装、调试和维护。

(4)安装位置必须便于操作,尽量靠近取压点。

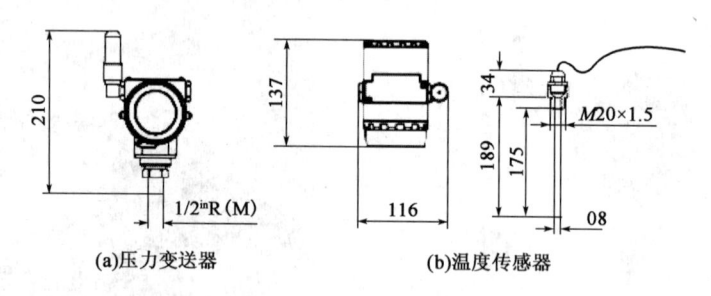

(5)无线一体化温度压力变送器安装时切勿强力冲击、摔打;安装和拆卸无线一体化温度压力变送器时,应使用扳手旋转压力头的六角螺母,切勿直接转动变送器外壳。切勿松动密封螺帽,避免潮气进入。

(6)无线一体化温度压力变送器壳盖必须拧紧,防止进入雨水潮气。

(7)清洁变送器接口和引压孔时,应将三氯乙烯或酒精注入引压孔中,并轻轻晃动,再将液体倒出,如此反复多次。禁止使用任何器具伸入引压孔内,以免损坏传感器。

(8)安装完毕,应本地操作或使用手操器设置仪表的地址信息;检验仪表是否可以正常通信。仪表每次无线通信时,闪烁一下指示灯。

(9)可以在一定角度内调整压力传感器和表体的相对位置,以方便读数。调整时松开2.5mm内六角锁紧螺丝,旋转表头部分壳体到合适角度,拧紧锁紧螺丝。

(10)安装配置好无线一体化温度压力变送器之后要点击一下仪表表头左下角隐藏按钮。如果红灯亮超过2s,则与RTU通信不畅;如果红灯闪一下即灭,则与RTU通信完好。

无线一体化温度压力变送器安装图见图1-28。

图1-28 无线一体化温度压力变送器安装图

2. 维护保养

(1)按照有关规定,应定期对传感器进行标定,以获得准确的测量。

(2)油井作业需要取下无线一体化温度压力变送器时,应将其平放在干燥通风安全的地方,轻拿轻放,应特别注意保护天线,防止破损折断;若长时间不使用,注意断开电源。

(3)注意保护无线一体化温度压力变送器,防止其跌落和碰撞。

(4)无线一体化温度压力变送器在出厂前已做好防水处理,非维修人员请勿拆卸。

(5)若有明显碰撞、断裂、破碎、损坏等情况,不在保修范围之内。

3. 电池更换

无线一体化温度压力变送器采用电池供电,禁止为电池充电。电池电量不足(电池工作电压低于2.8V)时,必须更换规定配置的原装电池,所用电池型号为ER26500。额定电压为3.6V,额定容量为9A·h。

更换电池必须在安全的环境中进行。更换电池的方法如下:首先打开仪表顶盖;将电池插头拔下,取出旧电池;更换新电池,整理导线,将电池插头卡紧;最后检查后盖密封圈,老化时需要更换,拧紧后盖,密封壳体。

第五节　数据采集仪表选型

一、压力变送器选型

压力变送器应主要考虑仪表测量量程、精度等级、测量介质以及温度范围、安装方式等进行选型。

1. 变送器量程

首先,系统中要确认测量压力的最大值,一般而言,需要选择一个具有比最大值还要大1.5倍左右的压力量程的变送器。

由于很多系统存在峰值和持续不规则的上下波动,这种瞬间的峰值能破坏压力传感器,用一个缓冲器来降低压力毛刺,但这样也会降低传感器的响应速度,精度下降。所以在选择变送器时,要充分考虑压力范围、精度与其稳定性。

2. 压力测量介质

压力变送器要考虑的是压力变送器所测量的介质。黏性液体、泥浆会堵上压力接口,溶剂或有腐蚀性的物质会不会破坏变送器中与这些介质直接接触的材料。一般的压力变送器的接触介质部分的材质采用的是316不锈钢,如果介质对316不锈钢没有腐蚀性,那么基本上所有的压力变送器都适合对介质压力的测量;如果介质对316不锈钢有腐蚀性,那么就要采用化学密封,这样不但可以测量介质的压力,也可以有效地阻止介质与压力变送器的接液部分的接触,从而起到保护压力变送器、延长压力变送器寿命的作用。

3. 变送器精度

决定精度的有非线性、迟滞性、非重复性、温度、零点偏置刻度、温度的影响。精度越高。价格也就越高。

4. 变送器温度范围

通常一个变送器会标定两个温度范围,即正常操作的温度范围和温度可补偿的范围。正常操作温度范围是指变送器在工作状态下不被破坏的时候的温度范围,在超出温度补范围时,可能会达不到其应用的性能指标。

温度补偿范围是一个比操作温度范围小的典型范围。在这个范围内工作,变送器肯定会达到其应有的性能指标。温度变化从两方面影响着其输出:一是零点漂移;二是影响满量程输出。例如,满量程的$+/-X\%/℃$,读数的$+/-X\%/℃$,在超出温度范围时满量程的$+/-X\%$,在温度补偿范围内时读数的$+/-X\%$,如果没有这些参数,会导致在使用中的不确定性。

5. 输出信号

变送器输出信号有mV、V、mA及频率输出、数字输出。选择怎样的输出,取决于多种因素,包括变送器与系统控制器或显示器间的距离,是否存在"噪声"或其他电子干扰信号,是否需要放大器,放大器的位置等。对于许多变送器和控制器间距离较短的 OEM 设备,采用毫安输出的变送器最为经济、有效;如果需要将输出信号放大,最好采用具有内置放大的变送器;对于远距离传输出或存在较强的电子干扰信号,最好采用毫安级输出或频率输出。如果在 RFI 或 EMI 指标很高的环境中,除了要注意到要选择毫安或频率输出外,还要考虑到特殊的保护或过滤器。

6. 励磁电压

输出信号的类型决定选择怎么样的励磁电压。许多放大变送器有内置的电压调节装置,能够得到的一个工作电压决定是否采用带有调节器的传感器,选择传送器时要综合考虑工作电压与系统造价。

7. 变送器的互换性

确定所需的变送器是否能够适应多个使用系统。如果产品具有良好的互换性,那么即使是改变所用的变送器,也不会影响整个系统的效果。

8. 变送器稳定性

大部分变送器在经过超时工作后会产生"漂移",因此考虑变送器的稳定性,能减少将来使用中会出现的种种麻烦。

9. 变送器的封装

变送器的封装,往往容易忽略是它的机架,然而这一点在以后使用中会逐渐暴露出其缺点。在选购时,一定要考虑到将来变送器的工作环境,湿度如何,怎样安装变送器,会不会有强烈的撞击或振动等。

10. 连接方式

变送器是否需要采用短距离连接。若是采用长距离连接,是否需要采用一个连接器。

二、温度变送器选型

温度变送器主要根据测量范围、精度要求、信号接口、结构形式和安装要求等原则来选。
温度变送器选型注意事项如下:
(1)输入信号、输出信号传输符合 HART 标准协议通信。
(2)一体化温度变送器注意采取抗射频干扰措施。
(3)温度变送器输入与输出相隔离,增加抗共模干扰能力,更适合与计算机联网使用,尤其是在高温环境下。
(4)接线方式:根据不同形式有二线制、三线制、四线制等。
(5)显示方式:LED、LCD 可通过计算机或手操器设定,使之显示现场温度、传感器值、输出电流和百分比例中的任一种参数。
(6)工作电压:普通型号 12~35V,智能型 12~45V,最好是选择额定工作电压为 24V 的。
(7)允许负载电阻:在额定工作电压时,负载电阻可在较宽范围内的优先选择。

(8)注意选择合适的温度、湿度环境。

①环境温度:-25~80℃(常规型),-25~70℃(数显型),-25~75℃(智能型)。

②相对湿度:5%~95%。

(9)环境影响系数的影响:≤0.05%/℃。

(10)结构简单,安装和调整方便;无可动或弹性元件,可靠性极高,维护量少。

(11)特殊环境适用性:如高温、高压、强腐蚀等介质环境;振荡,机械振动频率≤50Hz,振幅≤0.15mm;腐蚀气体或类似的环境。

(12)有防爆工作环境要求的,需要选择防爆方式,有普通不防爆(N)、本安防爆(I)、隔离防爆(E)三种方式。

(13)预先确定安装方式,有四种安装方式可选,分别为投入式、直杆式、螺纹式、法兰式。

第二章 有杆泵抽油井示功图监控诊断技术

油井单井计量一般以计量站为单位，集中周边多口油井，通过流程管线将各井分别连接到计量分离器上。分离器计量由于地面流程复杂，控制部分易损坏，故障率高，电磁执行机构漏失严重，计量误差较大，且地面流程一次性投资大，维护困难，又不能实现计量数据远传和实时检测，人为影响因素多等，导致油田地面建设投资大、设备管理复杂、资料录取准确性低、油田管理水平低。

示功图监控诊断技术是以抽油井示功图有效冲程的确定为突破点，依据示功图理论、泵示功图工况识别及诊断技术的研究和应用效果，提出的一种利用地面示功图计算分析单井产液量、监视油井生产工况的方法。

示功图监控诊断技术与传统的单井计量方式相比，具有采集数据量小、周期性获取、突发告警、远程控制等特点，从而可以大大简化油气集输流程，实现多口油井产液量的实时在线测量。通过抽油机示功图直观呈现，不仅可以直接了解各抽油井的工作状态，缩短了资料的传递时间，提高生产管理时效，而且大量的生产实时数据，为采油、注水、地质等相关专业部门研究技术措施、优化生产参数提供可靠依据，对老油田的节能降耗、挖潜增效也具有重要的指导意义。

第一节 示功图产液计量原理

示功图产液计量技术通过建立有杆泵井抽油系统的数学模型，根据不同井口示功图下泵的有效冲程与载荷，计算出油井产液量。示功图是有杆抽油机光杆载荷与位移关系图，代表了抽油机输出有效功率。

一、示功图法计量原理

实现示功图量油技术的基础是把有杆泵井抽油系统视为一个复杂的振动系统，在一定的边界条件和一定的初始条件下，对地面示功图进行分析得到地下泵示功图。通过建立消除了抽油杆摩擦载荷与惯性载荷后的载荷—位移关系数学模型，对此泵示功图进行分析，确定泵的有效冲程，进而折算地面有效排量，计算出油井产液量 Q。

深井泵在工作过程中受到多种复杂因素的影响，其产液量与抽油机地面示功图面积、冲程、冲次、泵径、井液黏度、气液比等多种因素有关，可用下式表示：

$$Q = k \cdot f(s, n, D_p, L_p, GT, \mu, R_s) \tag{2-1}$$

式中　Q——有杆泵井的产液量，m^3；

　　　s——冲程，m；

　　　n——冲次，min^{-1}；

　　　D_p——泵径，mm；

　　　L_p——杆柱组合，m；

　　　GT——地面示功图数据；

　　　μ——井液黏度，$mPa \cdot s$；

　　　R_s——生产气液比，m^3/m^3；

　　　k——流量标定系数。

在上述数学模型下，根据图2-1的流程即可以根据实测的地面示功图，求出单井产液量。为了使计算数据与实际产液量吻合，需要根据实测产液量对数学模型的修正系数进行调整。

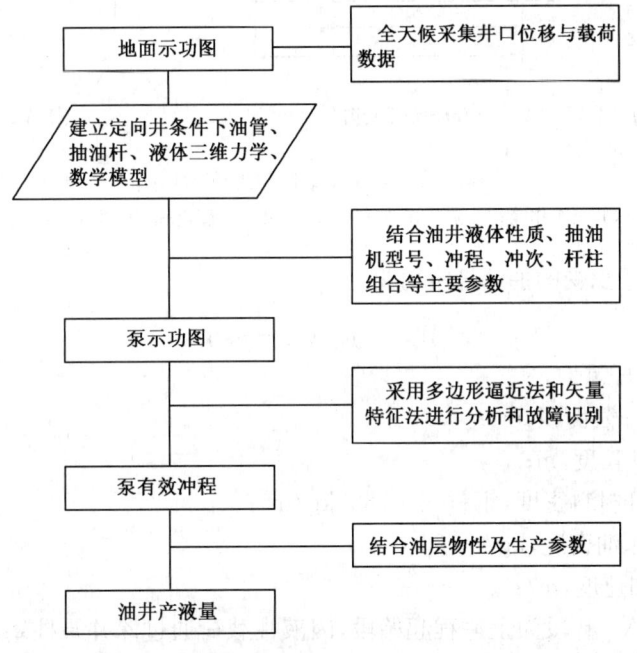

图2-1　示功图法油井计量系统技术原理图

由于抽油杆柱及液柱非匀速运动的惯性、杆柱与油管柱的弹性、井液黏滞摩擦以及原油中气体、砂、蜡等因素影响，示功图常常是不规则的，因此，根据实测施工图可以对抽油机和深井泵的工况作出诊断，并计算不同工况下的单井产液量。

利用不同工况下的示功图，结合单井工程技术和地质资料，深井泵、油管及电动机等设备详细信息，分析示功图变化趋势，可以实现单井异常工况预警报警，为采取技术措施提供可靠依据。

二、理论示功图分析

理论示功图是在静载荷条件下，不考虑运动部件及油管液柱动量、加速度以及液柱与抽油杆、油管摩擦、运动元件之间摩擦条件下测量的示功图。

理论条件下认为深井泵在上冲程泵筒内抽满液体并无漏失,载荷传感器测出的受力仅为抽油杆重量与液柱重量之和。理论示功图如图2-2(b)所示。

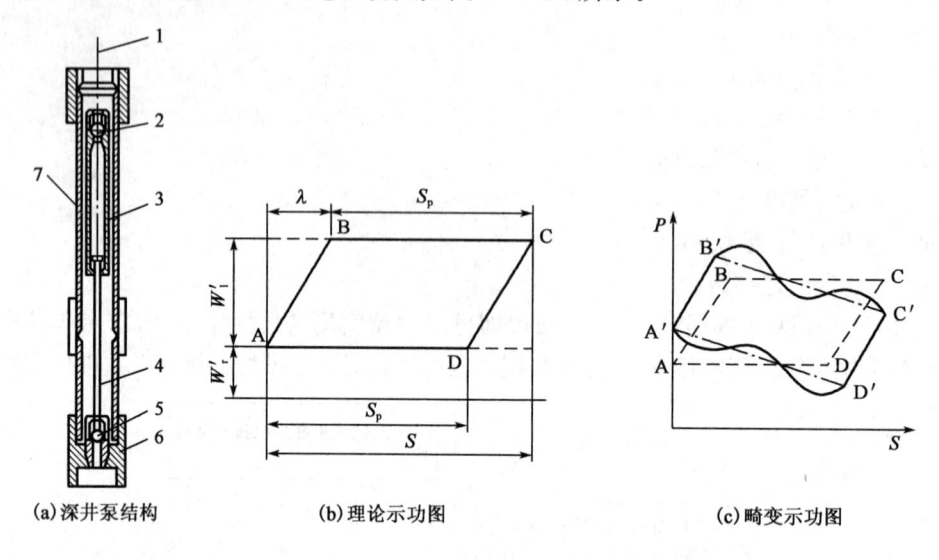

(a)深井泵结构　　(b)理论示功图　　(c)畸变示功图

图2-2　深井泵结构与理论示功图
1—深井泵工作筒;2—游动阀;3—柱塞;4—杆;5—固定阀;6—锥形座;7—光杆

载荷传感器上所承受的抽油杆重力为:

$$W_r = f_r L(\rho_s - \rho_o)g \tag{2-2}$$

式中　W_r——抽油杆重力,N;
　　　f_r——抽油杆截面积,m^2;
　　　L——抽油杆长度,m;
　　　ρ_s——抽油杆材料密度,钢材 $\rho_s = 7850 kg/m^3$;
　　　ρ_o——所抽原油密度,kg/m^3;
　　　g——重力加速度,m/s^2。

图2-2(b)中A—B段为上冲程起始段,因液柱载荷通过深井泵柱塞加在抽油杆柱上,引起抽油杆变形。变形与承受载荷成比例。A—B段是抽油杆柱从开始承受柱塞上液柱重量而变形,到B点已完全承受液柱重量,变形结束。在A—B段,尽管驴头运动,深井泵柱塞尚未工作,直至B点游动阀关闭,固定阀打开。柱塞上作用的液柱重力W_1为:

$$W_1 = (f_p - f_r)L\rho_o g \tag{2-3}$$

式中　f_p——柱塞截面积,m^2。

B—C段为上冲程深井泵工作段,S_p为深井泵有效冲程,驴头承受静载荷W为:

$$W = W_1 + W_r \tag{2-4}$$

泵筒内吸入原油,柱塞上方液体通过举升至地面。

C—D段为下冲程初始段,是抽油杆柱逐渐卸去液柱载荷、变形恢复过程,在C—D段深井泵未工作。

D—A段为下冲程深井泵有效工作段。从D—A深井泵中游动阀开启,固定阀关闭,泵筒中液体流入油管内。

理论示功图是分析示功图的基础,对于深井泵要考虑惯性载荷及摩擦载荷的影响。惯性载荷是指上、下冲程中抽油杆柱、深井泵柱塞及液柱做直线变速运动要考虑质量与加速度;摩擦载荷是指抽油杆柱及柱塞上、下运动中,抽油杆柱与油管之间、柱塞与泵筒之间、液柱与抽油杆柱及油管之间的摩擦。由于动载荷的影响,使示功图发生畸变,如图2-2(c)所示(A'B'C'D'),上冲程上提,下冲程下拉,从B'—C'及D'—A'有阻尼振荡过程。

第二节 游梁式抽油机示功图数据采集与测量

游梁式抽油机示功图是分析深井泵、抽油机与抽油杆工作状况的重要手段。抽油机驴头通过悬绳、光杆、抽油杆柱带动深井泵工作,就工作过程而言,是做上下往复的直线运动。测试示功图必须检测出井口抽油杆的受力及位移。

抽油机状态监测系统如图2-3所示。

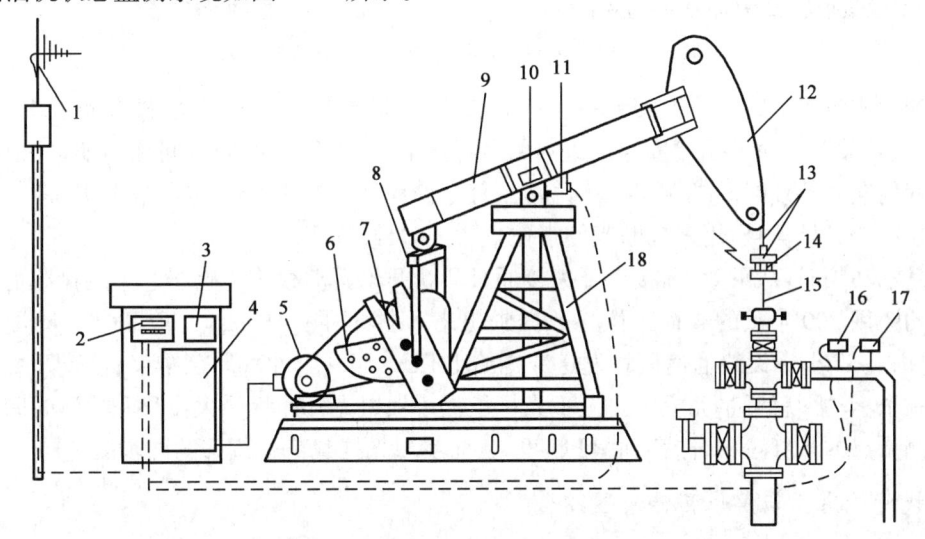

图2-3 抽油机状态监测系统

1—天线;2—油井远程测控单元RTU;3—电量采集器;4—抽油机控制柜;5—抽油机电动机;6—平衡块;7—悬臂;8—吊杆;9—游梁;10—角位移传感器;11—死点位置发送器;12—驴头;13—悬绳及悬绳器;14—载荷传感器;15—光杆;16—压力变送器;17—温度变送器;18—支架

一、游梁式抽油机示功图采集模式

游梁式抽油机示功图数据采集,根据载荷传感器和位移传感器不同组合,具有两种模式。

1. 载荷传感器与死点开关组合

游梁式抽油机示功图采集模式之一是载荷传感器与死点位置信号采集器组合,配合井场RTU完成油井示功图数据采集,如图2-4所示。

载荷传感器用来测量光杆的受力,装在悬绳器上、下固定梁之间。一般采用压电式、应变式传感器,把光杆受力转换成毫伏信号送入内置电路放大处理,通过有线、无线方式传输到油井远程测控单元(RTU)上。量程范围一般为0～1000kN或0～2000kN,额定误差＜±0.5%,工作温度-40～80℃。

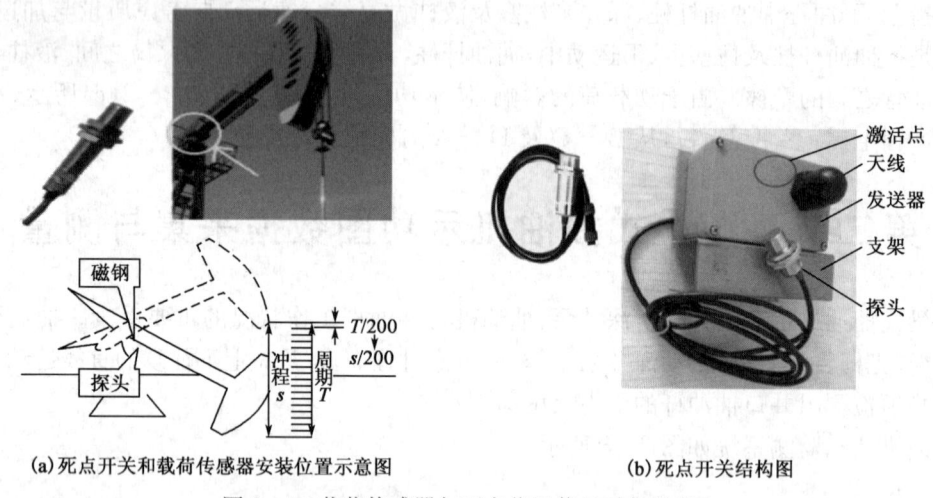

(a)死点开关和载荷传感器安装位置示意图　　(b)死点开关结构图

图2-4　载荷传感器与死点位置信号采集器组合

在抽油机游梁上特定位置安装一块磁钢,支架上固定霍尔接近开关(即死点位置发送器,俗称"死点开关")。通过死点位置发送器测出到达上、下冲程死点的时间和周期,并根据光杆一个冲程周期的持续时间推算出光杆位移。每个冲程经过下死点位置时,霍尔开关接通,给载荷传感器一个开始信号,用来判断起始点位置,并测量冲程周期 T。

测量示功图时,从下死点(接近开关接通)RTU开始启动载荷传感器开始测量载荷。假如一个示功图用200个点的载荷—位移数据画出来,则每间隔时间 $\Delta t = T/200(s)$ 测量一次载荷,通过内置ZigBee无线通信模块发送数据给RTU。当一个冲次周期结束(接近开关再次接通)时,一个示功图就测量完成了。至于光杆位移可根据光杆冲程最大位移和检测时间累计求得每个测量点的光杆位移,储存到RTU里,从而实现光杆载荷—位移的同步测量。

2.载荷传感器与角位移传感器组合

游梁式抽油机示功图采集模式的另一种是采用无线载荷传感器、无线角位移传感器组合测量示功图,如图2-5所示。

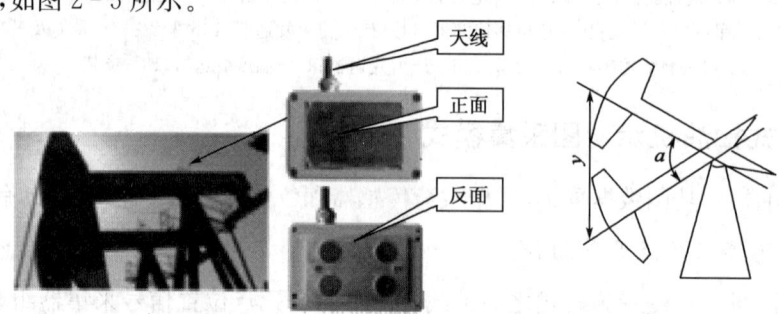

图2-5　无线载荷传感器和角位移传感器组合模式

在抽油机游梁转轴处安装无线角位移传感器,在光杆悬绳器上安装载荷传感器。角位移传感器与载荷传感器配合,同步测量光杆位移与载荷,实现油井地面示功图的测量。

位移传感器用来测量光杆的位移量。一般采用精密角位移传感器,装在抽油机游梁上,通过测量游梁绕支架轴承转动角度间接测量悬绳器位移。

测量示功图时,RTU 根据角位移传感器输出信号判断下死点位置。RTU 从下死点位置开始启动载荷传感器开始测量载荷。每间隔时间 $\Delta t=T/n$(T 为冲程周期,n 为示功图采集点数)测量一次载荷,通过内置无线通信模块发送数据给 RTU,与同一时刻角位移传感器输出信号计算出的光杆位移量配对。当一个冲次周期结束时,完成 n 个载荷位移数据测量,一个示功图就测量完成了。光杆位移可根据光杆冲程最大位移和游梁角位移计算得到,储存在 RTU 里,从而实现光杆载荷位移的同步测量。

二、载荷传感器

载荷传感器是一种将诸如重力、加速度、压力以及类似东西所产生的力转换为可传送的标准输出信号的仪表。载荷传感器主要有有线载荷传感器、无线载荷传感器、一体化载荷—位移传感器三种类型。目前应用较多的是一体化(二合一)载荷—位移传感器。

抽油机载荷传感器用于测试抽油机抽油杆所受压力,并将其转换为 4~20mA 的输出信号。通过井口采集单元中抽油机负荷与抽油杆位移的关系曲线(示功图),反映油井产油状态和抽油机的工作状况,并能及时发现卡杆、断杆等故障,减轻工人巡井工作的工作量。

1. 标准载荷传感器结构

载荷传感器由载荷弹性体、电阻应变片、高容量锂电池、数据采集与传输板、ZigBee 通信模块、外壳、天线等组成,见图 2-6。其中电池、ZigBee 通信模块、数据采集与传输板安装在电路板盒的卡槽中,并采用高性能密封胶进行密封。

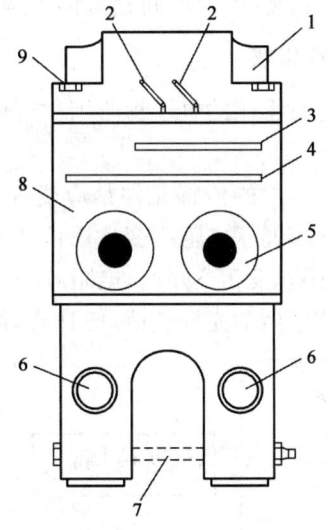

图 2-6 标准无线载荷传感器外形及组成
1—天线保护套;2—天线;3—ZigBee 通信接口;4—数据采集与传输板;5—电池;
6—载荷弹性体触点;7—防脱螺栓;8—电路板盒;9—内六角螺栓

标准无线载荷传感器结构见图2-7。载荷传感器有一U形缺口，用以穿引光杆。U形缺口两边对称安装两个载荷弹性体(弹性元件)，光杆负荷通过悬绳器上下横梁压在两个弹性元件上。弹性元件正面、反面各贴有两个电阻应变片，并且一个沿弹性元件轴线纵向安装、一个横向安装。弹性元件上有光杆负荷作用时，弹性元件产生相应的弹性变形，引起应变片电阻变化。通过信号放大处理，数据由ZigBee通信电路发送到RTU。

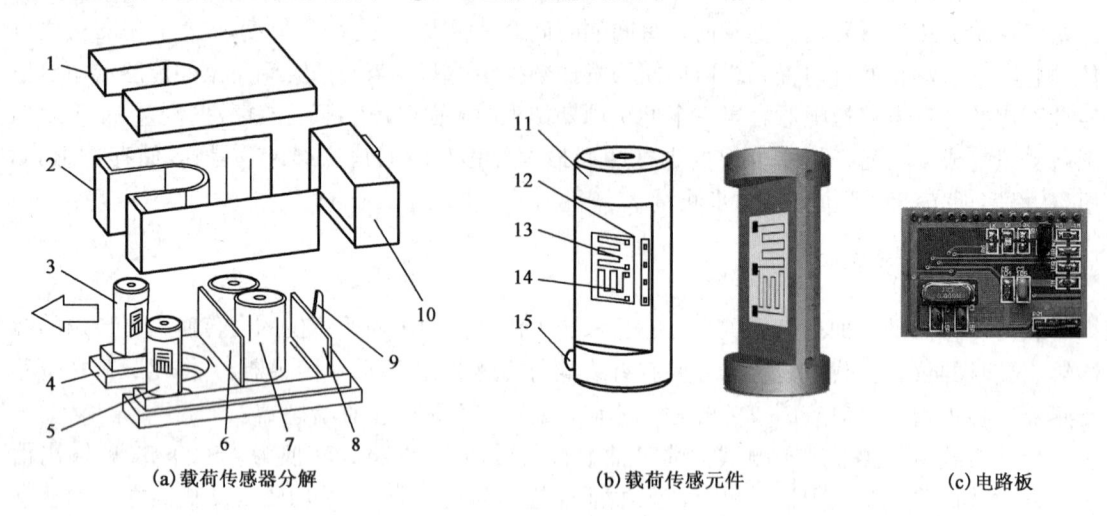

(a) 载荷传感器分解　　(b) 载荷传感元件　　(c) 电路板

图2-7　标准无线载荷传感器结构

1—上盖；2—基座；3—载荷弹性体；4—下盖；5—应变片；6—隔板；7—电池；8—数据采集与传输板；9—天线；10—天线保护套；11—载荷弹性体；12—焊接端子；13—横向应变片；14—纵向应变片；15—定位销

无线载荷传感器以低功耗微处理器CPU为核心，采用优质应变式力传感器，内置大容量锂电池、低功耗无线ZigBee通信接口及超短波唤醒单元，满足油井示功图采集的需求；具有测量精度高、重复性好、使用方便、抗过载能力强等特点，适用于多种抽油机。

2. 载荷传感器原理

载荷传感器与日常用的电子秤所用称重传感器相同，用于将抽油机泵柱加在光杆上的力转换为电压信号。

载荷传感器测量力的传感元件是应变片。应变片是用绝缘基片上的金属箔光刻而成的"栅状"电阻元件。当栅状电阻应变片被拉伸、电阻丝变细变长，电阻增加。反之，当栅状电阻应变片被压缩、电阻丝变粗变短时，电阻减小。

加载在载荷传感器的光杆负荷，使其载荷弹性体发生弹性变形，柱状弹性元件变短、变粗，使贴在弹性元件上的电阻应变片的电阻发生变化。其中横向应变片被拉伸、电阻增加。纵向应变片被压缩、电阻减小。正反两面四个应变片电阻首尾相连构成一个惠斯通电桥。在A—C端加上电源电压后，B—D端就会有不平衡电压输出，输出电压大小与载荷成正比。电桥测量原理如图2-8所示。

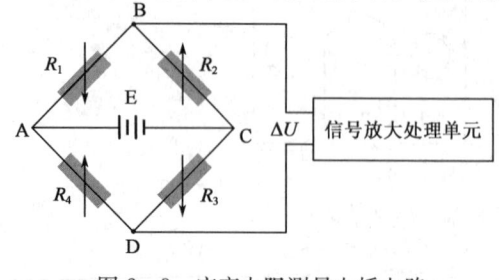

图2-8　应变电阻测量电桥电路

载荷传感器内部电路框图如图2-9所示。

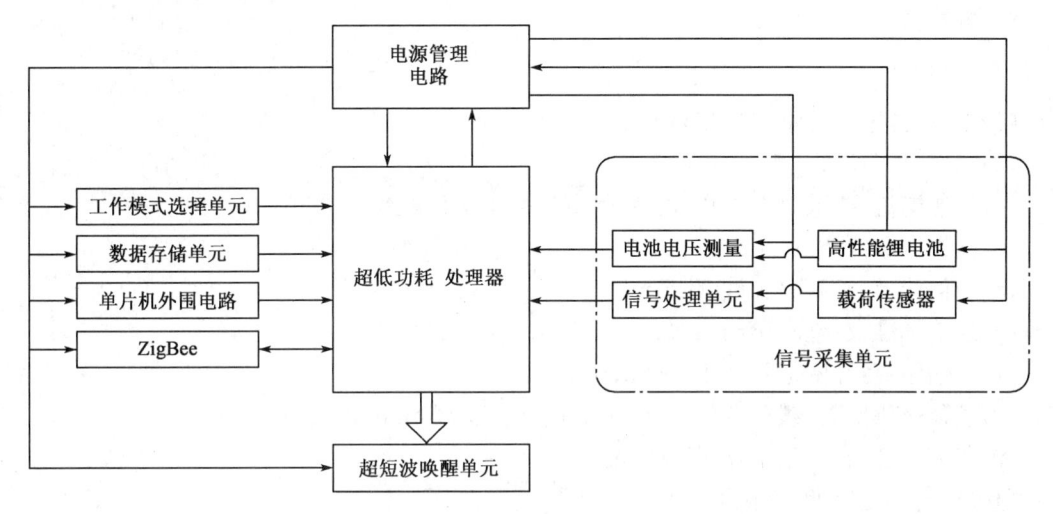

图 2-9 标准无线载荷传感器电路组成框图

载荷传感器工作过程分析:应变电阻测量电桥输出毫伏电压经信号处理单元放大、模拟/数字化转换(A/D转换)成微处理器CPU可识别的数字信号,经ZigBee无线通信模块发送到RTU。

为降低功耗,载荷传感器通常处于休眠状态,但内部的无线超短波唤醒单元一直处于工作状态,当开始采集示功图时,RTU发送一个唤醒信号,载荷传感器被唤醒后立即打开ZigBee通信接口等待接收RTU指令,RTU发送启动载荷采集数据帧(该数据帧包括油井冲程周期、含校时时间)。载荷传感器接收到该数据帧后启动固定点数的载荷数据采集(采集周期为油井冲程周期除以示功图点数,一般为200点),当采集完成油井一个冲程周期的载荷数据后,将载荷数据与公用数据分包发送至RTU,RTU将载荷数据与对应的位移信号数据组合得到油井示功图数据。

RTU接收到载荷传感器发来的数据包后需要有应答数据返回给载荷传感器,表示数据发送成功。若载荷传感器在1s内未收到响应,则会重复发送该数据包,若重复发送5次仍未收到RTU正确应答,则本产品立即进入休眠状态,等待下一次的油井载荷采集。

当发生电池电压过低及油井故障时,载荷传感器会从休眠状态进入工作状态并打开ZigBee通信接口,然后发送报警状态信息至RTU;若没设置报警主动上传,当电池电压过低及油井故障时,也会将相应的"报警位"置1。

3.载荷传感器性能及特点

1)性能

(1)电池电压检测及报警:电池电压低时报警;

(2)油井故障检测及报警:油井状态故障时报警;

(3)无线通信:支持2.4GB无线ZigBee通信传输;

(4)日历时钟:掉电后日历时钟保存3个月;

(5)供电方式:电池供电;

(6)载荷测量范围:0～150kN;
(7)测量精度:0.5%F.S.。

2)电气特性

(1)电源:锂电池容量 DC 3.6V(38000mA·h);
(2)工作时间:≥1.5年;
(3)工作电流:休眠时电流<22μA,唤醒后平均工作电流<50mA;
(4)防护等级:IP67;
(5)通信接口:2.4GB 无线 ZigBee;
(6)通信标准及频段:IEEE 802.15.4,ISM2.4～2.5GHz;
(7)通信距离:开阔地不低于 500m;
(8)载荷采集点数:载荷点数 100～255 点,周期≥10min(可设);
(9)载荷传感器 ID 地址:4 字节可设;
(10)设备标定周期:6 个月。

3)机械特性

(1)质量:3.75kg;
(2)尺寸:235mm×110mm×87mm;
(3)安装方式:U 形开口式设计,直接插入光杆,防脱螺栓安全保护;
(4)环境条件:运行温度-40～80℃,存储温度-55～85℃,工作相对湿度 5%～95%无凝露。

4.载荷传感器的选型、安装

1)选型

安装前,根据抽油井井深、深井泵径、泵挂深度、抽油杆组合情况、采出液密度黏度等参数计算抽油机最大载荷,根据所安装抽油机型号与实际使用的需要,选择载荷传感器的额定载荷测量范围(如 0～100kN)。如果所选择的载荷传感器测量范围小于抽油机最大载荷,则无法测出上限载荷,难以测量到真实的示功图;如果所选载荷传感器测量范围过大,实测示功图绘制范围偏低,会产生较大的相对误差。

2)安装与更换

(1)检查所安装载荷传感器型号规格与该井要求的规格型号是否一致。
(2)将抽油机停在下死点稍偏上一点位置,拉上手刹。
(3)将专用光杆卡子固定在光杆的下部,井口密封填料盒上,防止光杆下滑。
(4)继续使抽油机驴头向下死点位置慢慢下移,卸掉载荷,拉上手刹,断开电控柜空气开关。
(5)将载荷传感器填进悬绳器与光杆方卡子之间(主要考虑校验负荷传感器时,悬绳器间要给手动液压示功仪测试留下位置)。为防止偏载,必须在载荷传感器上下各加一个垫片,见图 2-10(a)。
(6)对于具有工字架结构的油井,见图 2-10(b),负荷传感器可以安装在工字架与悬绳器之间。安装传感器时必须保证工字架上下板平行且正装在悬绳器上,确保传感器加载平正且受力均匀。悬绳器上表面若有圆形凹窝,装此位置务必在传感器与悬绳器间加装隔板。

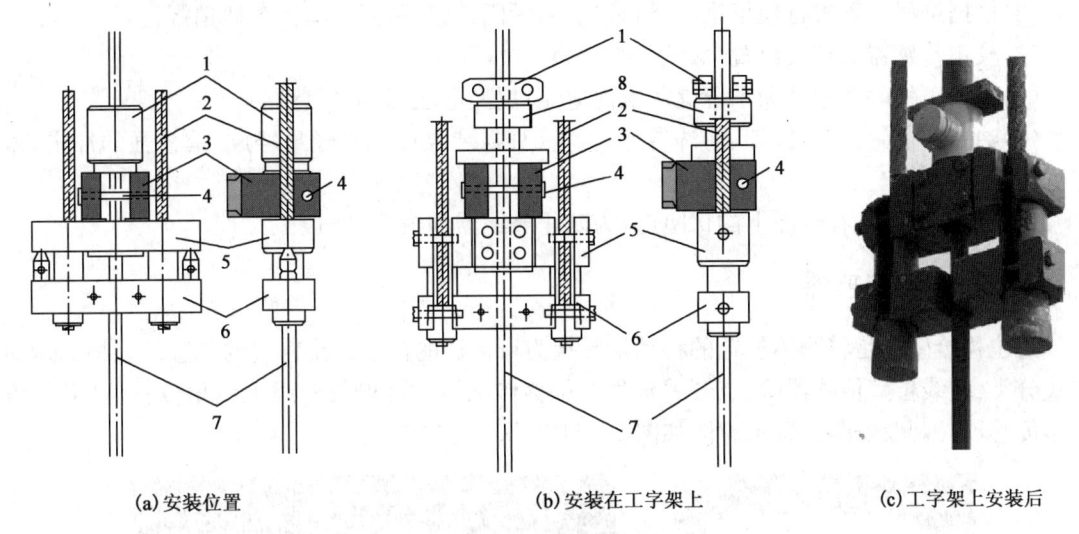

(a) 安装位置　　　　(b) 安装在工字架上　　　　(c) 工字架上安装后

图 2-10　载荷传感器安装

1—悬绳器卡子;2—悬绳;3—负荷传感器;4—锁销;5—悬绳器上梁;6—悬绳器下梁;7—光杆;8—工字架

(7) 安装时要求光杆处于传感器 U 形缺口正中央,使负荷传感器上的两个凸出受力点与悬绳中心冲齐,防止偏载。

(8) 注意载荷传感器的安装方向,不能倒置。

(9) 检查抽油井上电动机控制柜内 RTU 与负荷传感器的通信情况(ZigBee 通信指示灯闪烁)。

(10) 为防止悬绳器在工作过程中,因偏载挤飞伤人,将保险链挂在悬绳上,连接固定。

(11) 现场修井作业时必须由维修人员现场监督,按照规范拆卸载荷传感器,防止传感器偏载受力。严禁通过撞击方式从悬绳器上硬砸拆卸传感器。严禁摔碰,轻拿轻放,以免损坏传感器后端塑料天线护盖。

(12) 请确保传感器安装前后悬绳器在光杆上的位置保持不变,以保证传感器安装不改变油井防冲距。

5. 载荷传感器的日常维护及保养

1) 日常检查

(1) 检查仪表外观是否完好。

(2) 检查传感器后端塑料天线护盖是否完好。

(3) 检查天线护盖是否有裂纹、缺口,密封是否完好。

(4) 检查传感器位置是否发生偏移,光杆是否处于传感器 U 形缺口正中央,负荷传感器上的两个凸出受力点与悬绳中心冲齐。

(5) 检查 RTU 上的 ZigBee 数据传输指示灯是否正常闪烁。

2) 维护保养

(1) 载荷传感器规定每 6 个月标定一次,必须按规定定期标定,并做好标定记录和检定合格资料。

（2）根据维保计划进行现场维护，清理油污，紧固锁销，紧固悬绳器各插销螺栓。

（3）校正传感器的安装位置，保证受力均衡。

（4）根据工作时间累计和系统提示电池电压，更换电池（载荷传感器）。

（5）油井作业施工时，拆卸、清洗传感器，登记、封装收存。要轻拿轻放，禁止强的冲击，做好拆装记录。

（6）检查、紧固挂在悬绳上的保险链，为防止悬绳器偏载挤飞伤人。

三、角位移传感器

角位移传感器是将物体位置的移动量转换为可传送的标准输出信号的传感器。根据运动方式分类：直线位移传感器（死点开关）、角度位移传感器。这里仅介绍无线角位移传感器，角位移传感器外观及安装位置示意图如图2-11所示。

图2-11 角位移传感器外观及安装位置示意图

1. 角位移传感器原理

角位移传感器用于测试游梁式抽油机游梁的摆动角度，将其转换为4～20mA的输出信号，RTU通过角度的变化值折算出抽油杆的运动位移，与抽油机负荷值形成示功图，反映抽油机运行状态。

由角位移传感器得到游梁倾角α后，可求得光杆位移：

$$y = x\alpha \tag{2-5}$$

其中，y为光杆位移，x为游梁支撑到驴头圆弧面的距离（图2-12）。

角位移测量模块采用MEMS微型角速度传感器以及数字化信号调理电路。通过对游梁角位移的测量实现了光杆位移的实时监测，同步测量载荷即可得到光杆示功图。

图2-12 角位移传感器原理示意图

2. 角位移传感器安装

1）安装步骤

（1）安装底板：将安装底板焊接到抽油机中轴上方的游梁上。焊接前必须找好安装底板的水平，才能焊接，该步骤最重要,决定传感器最终是否和游梁平行。角位移传感器安装与接线如图2-13所示。

图 2-13　角位移传感器安装与接线

(2)接线:将线穿过防水过线管,将过线管拧紧,并做好防水处理。角位移传感器为3线制仪表。

(3)安装传感器:将传感器安装到底板上,用螺丝固定紧。在固定紧前找好水平。

(4)将电缆穿管引至RTU,并接线。

(5)注意所有连接部位的防潮、防锈,保证连接可靠、拆装方便。

2)安装完毕验收过程的注意事项

(1)传感器必须安装在抽油机中轴附近游梁处。

(2)安装底板、传感器外壳和游梁长边夹角小于5°。

(3)角位移传感器有三条接线:24V+,24V-,4~20mA输出。将角位移传感器的24V+接线端子连接到RTU的DC24V电源的正上,24V-接线端子连接到DC24V电源的负上,4~20mA输出连接到RTU的AI输入端子上。

(4)在现场可通过测试角位移传感器输出电流判定其是否损坏,即在通电情况下倾斜角位移传感器,倾角变大、输出电流增加,即可认为传感器工作正常。

(5)用万用表电流挡测角位移输出是否在4~20mA范围内,改变角位移传感器的水平角度,观察传感器输出是否相应发生变化。

3.角位移传感器日常维护与保养

1)日常巡检

(1)检查仪表外观是否完好。

(2)检查接线是否松动。

(3)检查密封是否完好。

(4)检查传感器位置是否发生偏移。

(5)检查信号线是否完好。

2)维护保养

(1)根据维保计划进行现场维护。

(2)紧固安装支架及位移传感器安装螺钉,保持防水密封。

(3)清理传感器表面的油污及灰尘。
(4)校正传感器的安装位置。
(5)紧固松动的信号线缆。
(6)更换破损信号线缆。

四、载荷位移一体化测量

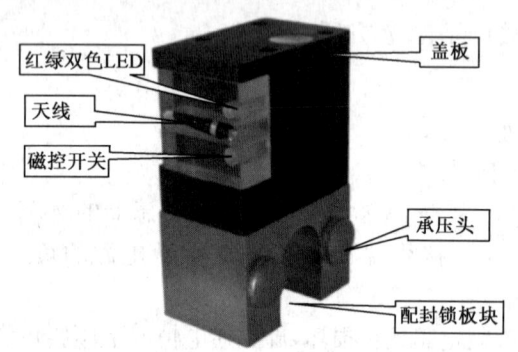

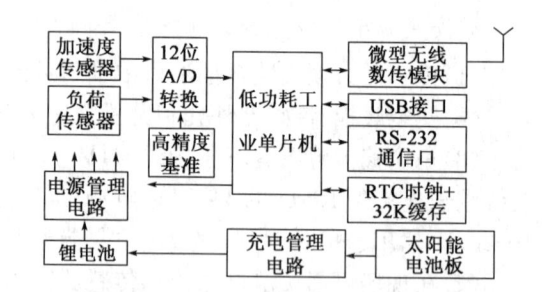

1. 载荷位移一体化传感器

载荷位移一体化传感器是用于测试抽油机抽油杆载荷和抽油机冲程的一种载重和位移的传感器。它将称重传感器和位移传感器集成到一起,运用单片机技术,和无线通信技术,将采集到的载荷信号和位移信号进行配对,从而得到抽油机示功图。

SM34AWB型无线载荷位移一体化传感器(以下简称示功图传感器)集载荷、垂直加速度位移测量功能于一体,应用力敏、加速度、无线数字通信、低功耗单片机等技术,是专门用于油田抽油机示功图测试而设计的新型节能数字产品,具有精度高、可靠性好、安装简单、维护方便等特点,目前在各大油田得以广泛应用。图2-14为无线载荷位移一体化传感器外观图。原理见图2-15。

图2-14 无线载荷位移一体化传感器外观图

图2-15 载荷位移一体化传感器原理图

无线载荷位移一体化传感器功能特点见表2-1,主要技术指标见表2-2。

表2-1 无线载荷位移一体化传感器功能特点

项目	功能	优点
示功图	示功图采集	定时(可设置)采集示功图,兼顾抽油机开井报警、停井报警实时监测功能;满足示功图量油密点、密码数据采集需求
供电	一次性高能电池	内置一次性高能电池供电。供电电压远程监测,欠电及时报警
通信	本地无线通信	无须排管布线,节省施工成本;可靠性高,抗干扰能力强
功耗	低功耗设计	睡眠/唤醒、事件触发唤醒自动切换
安装	U形开口式设计。防脱销安全设计	直插式快速安装,节省安装费用,提高维护效率。拆装、维护便捷,无须动吊车等
密封	全密封防水设计	满足全天候使用,操作方便安全
维护	远程电池电压监测及故障检测等	控制室远程诊断维护,无须开车到现场,大大节省维护成本
示功图传感器通信	ZigBee组网设计	网络ID、物理信道、设备地址出厂统一以默认值,现场可重新组网设置

表 2-2 无线载荷位移一体化传感器主要技术指标

项目	技术指标	指标特色
载荷	0~150kN,精度:0.5%F.S	
垂直加速度位移	冲程:1~12m;精度:0.2%F.S; 冲次:允许最小1次/min;精度:1%	
低功耗	功耗:睡眠电流<22μA,平均唤醒后工作电流<50mA	每小时采集1次数据,电池使用寿命>1.5年
一次性高能电池	3.6V/38000mA·h	
密集采集	示功图点数≥200,周期≥10min(可设)	满足示功图量油密点、密时采集需求
防护等级	IP67	防尘、防砂、防水等
工作环境温度	−35~70℃	满足高寒高热工业级环境要求
无线通信	视距≥150m,ZigBee pro2.4GB	在低功耗情况下提高数据通信可靠性
U形开口	一般为40mm,可订制	可根据光杆直径订制
外形尺寸	长234mm×宽107mm×高87mm	
质量	4.6kg	
ZigBee组网	出厂默认,网络ID:15;物理信道:19;设备地址:789	现场可重新组网设置

采用 MEMS 微型加速度传感器、角速度传感器,光杆位移必须由角加速度 ω 作二次积分才能得到,由于光杆位移加速度较小,因此测量精度及灵敏度较小。例如,光杆冲程为 1.8m,冲次为 3 次/min,电动机匀速,则上下死点最大加速度仅为 9×10^{-3}g,不仅很难求得位移,甚至上下死点都无法找到。

$$y(t) = \iint a(t)dt \tag{2-6}$$

2. 无线太阳能一体化载荷位移传感器

1)特点和外观

无线太阳能一体化载荷位移传感器采用电池和太阳能共同供电,集载荷、位移传感器一体化设计,与井场 RTU 之间无线通信,具有拆装简单、数据传输容易受到网络及外部环境的干扰等特点。无线太阳能一体化载荷位移传感器外观见图 2-16。

2)技术指标

(1)天线。

频率:426~441MHz,低功率发射,高灵敏度接收;

发射功率:最大 10dBm;

接收灵敏度:−112dBm;

无线传输距离:400m(开阔地)。

(2)载荷。

精度:±0.5% F.S;

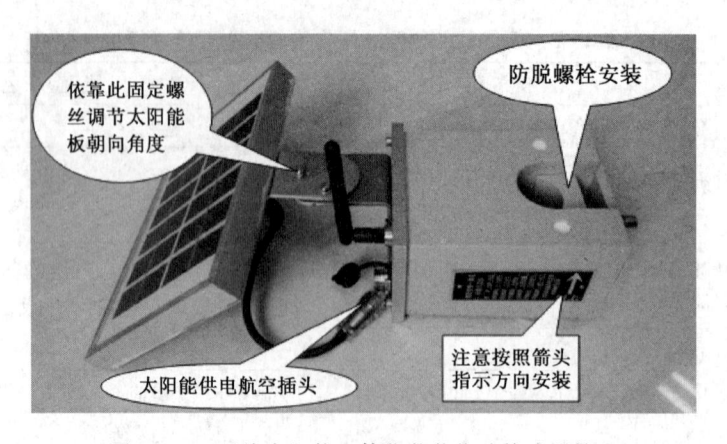

图 2-16 无线太阳能一体化载荷位移传感器外观

载荷量程:0～150kN;

过载负荷:200% F.S。

(3)位移。

位移范围:1.2～12.0m;

位移加速度范围:±0.7g。

(4)安装使用环境。

温度范围:－40～85℃;

存贮温度:－55～100℃;

相对湿度:<95%(不结露,20℃±5℃条件)。

(5)电源和使用时间。

电源:太阳能电池,锂电池;

工作电流:最大 90mA;

工作时间:30min 一个功图的情况下,电池充足电可以使用 1 个月;

充电时间:空电池 50h 充足(光照充足);

太阳能电池:6.0V/200mA。

3)安装

(1)夹在悬绳器和卡子之间;

(2)太阳能电池板方向朝向每天太阳能晒的时间最长最强的方向;

(3)依据现场抽油机的朝向确认模块的安装方向;

(4)为保证模块受力均匀,要求在上下各加装大垫片 1 个;

(5)安装固定后将电缆线插好,观察指示灯是否闪烁;

(6)将天线拧牢;

(7)记录载荷编号。

4)日常巡检

(1)检查仪表外观是否完好;

(2)检查太阳能板是否有油污覆盖;

(3)检查密封是否完好;

(4)检查天线是否完好;

(5)检查指示灯显示是否正常;

(6)检查传感器位置是否发生偏移。

5)维护保养

(1)根据维保计划进行现场维护。

(2)校正传感器的安装位置。

(3)紧固松动的天线。

(4)清洁太阳能电池板。

(5)定期更换电池。

(6)长时间空置不用的情况下,要把电源通信线拔掉,断电保存。如果放置超过半年不使用,要对电池进行充电,以防止电池损坏。充电可以在阳光充足的情况下,插好电源通信线插头,至少要充电48h(阳光充足的条件下光照48h)。

(7)传感器要轻拿轻放,禁止强的冲击,如果冲击过大,会造成测试位移的部件损坏。

第三节 链条式抽油机示功图数据采集与测量

一、链条式抽油机示功图数据采集模式

链条式抽油机、皮带式抽油机及滚筒式抽油机等立式抽油机,示功图数据采集与测量采用载荷传感器和死点开关模式,如图2-17所示。

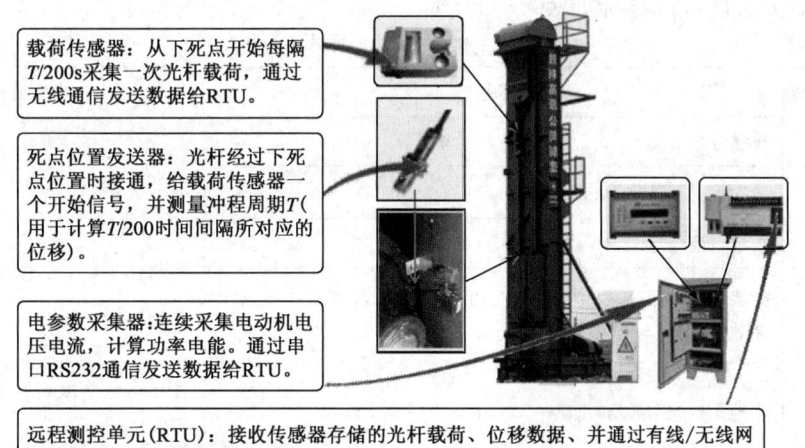

图2-17 立式抽油机示功图数据采集设备示意图

二、无线接近开关(无线死点开关)结构及特性

无线接近开关,通常称作无线死点开关,常应用在链条式抽油机和滚筒式抽油机上。无线

死点开关通过死点位置信号发送器来确定一个冲程的上、下死点位置,并根据光杆一个冲程周期的持续时间间接测量光杆位移。位置信号发送器一般采用非接触接近开关及信号发射电路实现有线、无线位置的测量。

1. 无线死点开关外形结构

无线死点开关采用响应频率较高的常开接近式开关传感器,通过磁感应而产生开关信号,结合高速的数字采集电路,对抽油机冲次、抽油机死点位置等参数进行非接触式测量。无线死点开关采用先进的本地无线通信技术,与无线载荷传感器结合进行油井示功图的实时测量和数据上传。图2-18为无线死点开关外形结构示意图。

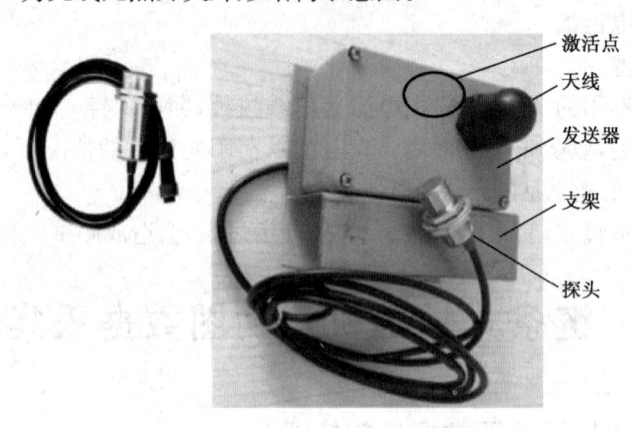

图2-18 无线死点开关外形结构示意图

2. 无线死点开关技术指标

无线死点开关的技术指标如表2-3所示。

表2-3 无线死点开关主要技术指标

项目	技术指标	指标特色
外壳材料	镍铜合金	
测量范围	冲次:0.2~10次/min,1.0%F.S	
供电	内置电池,容量3.6V/38A·h	每小时采集1次数据,电池使用寿命>1.5年
低功耗	睡眠电流<0.1mA,工作电流<13mA;按每小时采集1次示功图数据计算,电池使用寿命>2年	
接口	本地无线数据通信:ZigBee 2.4GB;视距≥150m	在低功耗情况下提高数据通信可靠性
ZigBee组网	出厂默认,网络ID:15,物理信道:19,设备地址:789(后期修改为井名为123456所计算出的网络ID、物理信道)	现场可重新组网设置
工作环境温度	-40~85℃	满足高寒高热工业级环境要求
防护等级	IP65	防尘、防砂、防水等

三、无线死点开关传感器安装

无线死点开关在立式抽油机和滚筒式抽油机上,确定一个冲程的上下死点,其安装方式如图 2-19 所示。

(a) 在链条箱侧壁安装

(b) 在链条轴承座基础面上焊接

图 2-19 无线死点开关安装方式

无线死点开关传感器在安装时应注意以下几点:

(1)安装前,首先检测磁感应开关传感器的开关特性,确保传感器正常,触发一次绿灯 LED 亮一次。

(2)将抽油机停止,将冲次传感器支架安装在皮带式抽油机链条箱侧壁以螺钉[图 2-19(a)]或在链条轴承座基础面上焊接[图 2-19(b)]固定传感器支架。

(3)将冲次传感器穿入安装支架安装孔,传感器探头正指向链条关结块≤10mm,调节好距离并以两 M16mm 螺母锁紧固定。

(4)固定好无线死点开关,启动抽油机,观察并检测抽油机运行时,传感器与磁铁触发一次(绿色 LED 亮),在 RTU 电控箱端检测冲次传感器的开关特性正常即可(无须将磁铁安装在下死点,安装在抽油机运行的中间点即可,可通过拉线位移标定校准出下死点)。

第四节 示功图异常故障诊断

示功图法油井计量系统借助于安装在井口的载荷和位移传感器来完成示功图数据录取,基于示功图测试数据正确的基础上进行泵示功图分析及产液量计算。在数据采集过程中,由于传感器的精度及元器件的稳定性、测试方法、测试条件、测试环境等因素造成的影响,将产生计量误差,下面对影响计算精度的主要因素进行分析,并提出常见故障的判断与处理方法。

一、影响示功图数据的主要因素

1. 硬件及元器件的影响

1) 载荷传感器发生损坏及漂移

由于受外界环境影响,传感器一直处于工作状态,加之载荷传感器易发生损坏及漂移,造成采集示功图失真,影响计量精度。载荷传感器漂移是指光杆载荷为零但是传感器输出不等于零。一般情况下,传感器漂移后采集载荷值偏小,如图 2-20(b)所示。

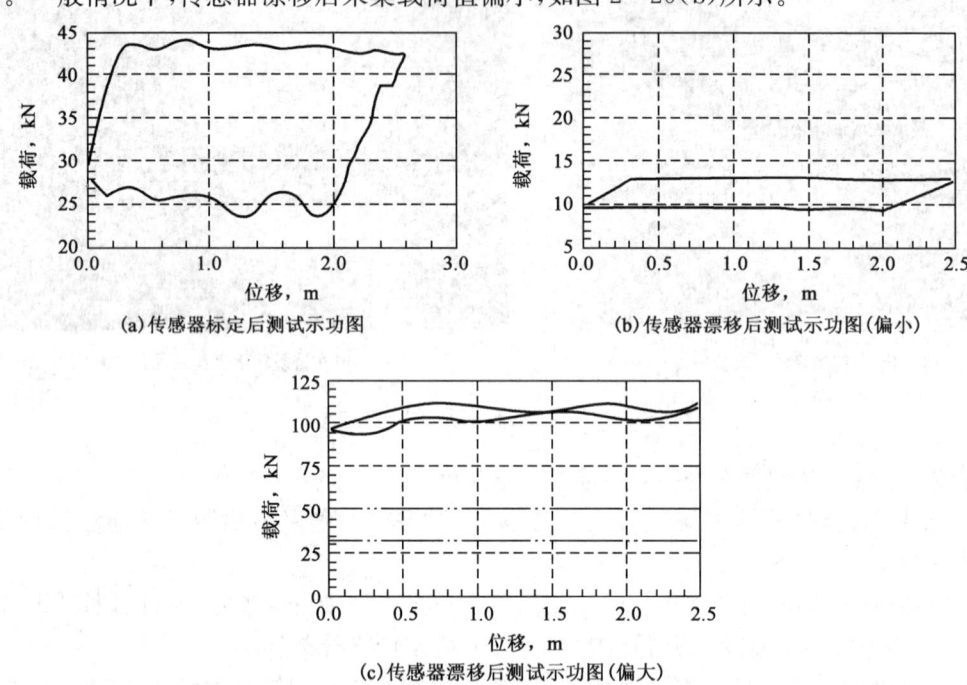

(a)传感器标定后测试示功图

(b)传感器漂移后测试示功图(偏小)

(c)传感器漂移后测试示功图(偏大)

图 2-20 载荷传感器漂移引起的示功图变化

传感器漂移后采集载荷值偏大的情况如图 2-20(c)所示情况,远超过抽油机额定载荷,这种情况比较容易判别。

载荷传感器损坏后的示功图有各种类型,如果发现所测到的示功图明显与以前测得的示功图形状不同,如呈一条直线、麻花状、波浪形等均可判定为载荷传感器损坏。图 2-21 为载荷传感器出现故障时的几种示功图。

2) 位移传感器

由于位移传感器安装在游梁与支架之间的夹角部位,霍尔探头固定于支架上,磁钢焊接在游梁下方。间隙过大信号接收不到,间隙过小易使探头或磁钢损坏,示功图曲线由于得不到位移变化,会显示为一条竖线,示功图如图 2-22(b)所示。

当位移传感器工作不正常时,测试不到位移信号或出现测试位移数据与载荷数据不同步。主要原因是由于位移传感器安装位置偏差所致。如在驴头下死点时传感器探头与磁钢未对齐,将造成测试示功图位移数据与载荷数据不同步,示功图如图 2-22(c)所示。位移传感器工作不正常时,可利用油井计量软件观察采集示功图形状,判断位移传感器是否正常工作。

图 2-21　载荷传感器故障示功图

(a) 正常示功图

(b) 得不到位移变化

(c) 位移数据与载荷数据不同步

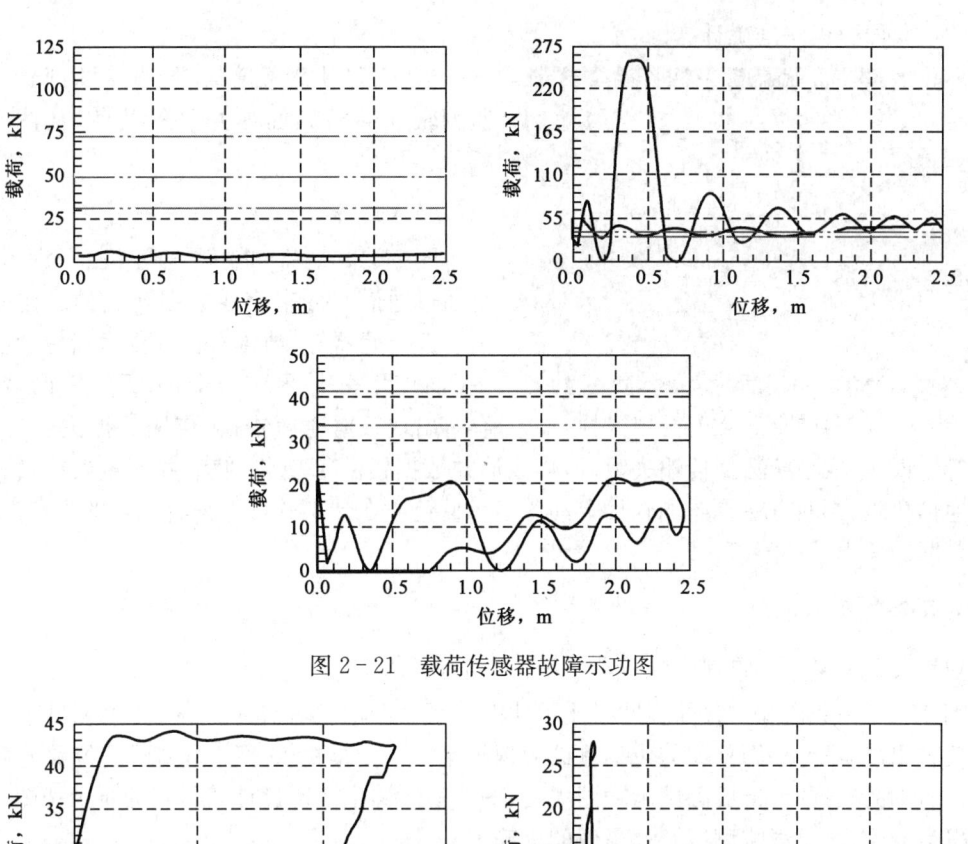

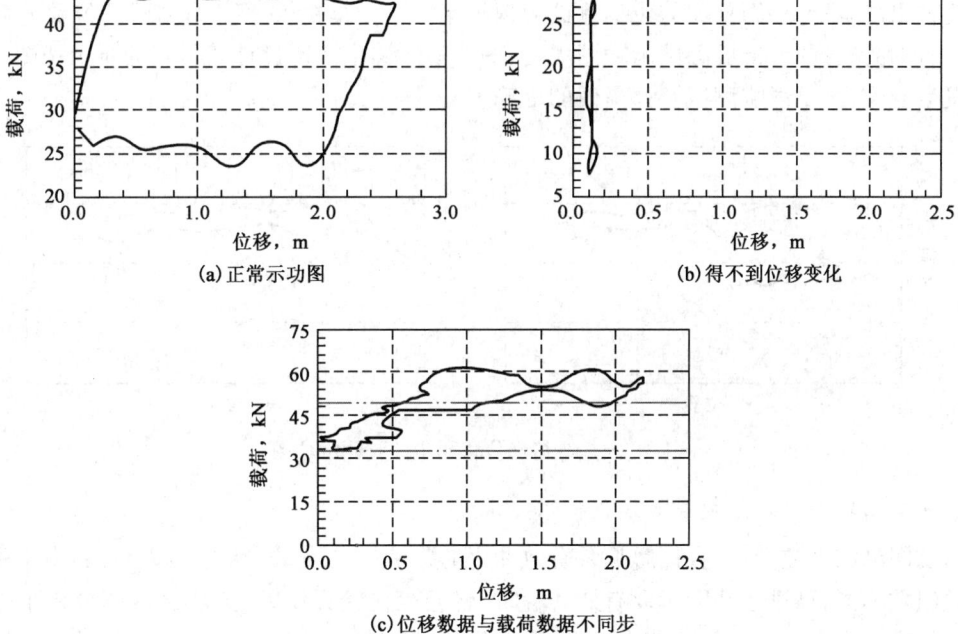

图 2-22　位移传感器故障示功图

3）RTU 控制终端

RTU 是系统硬件最主要的部分，RTU 提供了多个与现场测试端的接口，采集各类数据，并进行转换，存储在临时寄存器当中。当 RTU 存储出现问题时，造成数据存储不上，或存储错误的现象导致无法准确计产。

当RTU出现故障时,最直接的判断方法是监测软件巡检界面油井显示黄色,如图2-23所示。

4)数据传输

图2-23是监测软件巡检界面示意图,系统是通过通信部分来完成数据转换的。在使用中由于选择元器件、数传电台等技术指标、性能、质量、监测程序、外界信号干扰、天气等诸多因素,有时出现数据通信错误、传输数据失真、误接收数据等错误,造成系统数据传输失败、瘫痪或油井数据错乱等现象,使油井计量误差增大。常见的通信故障,判断方法是监测软件上油井显示蓝色或在计量软件上采集示功图为空白时,就可以判断通信出了故障。

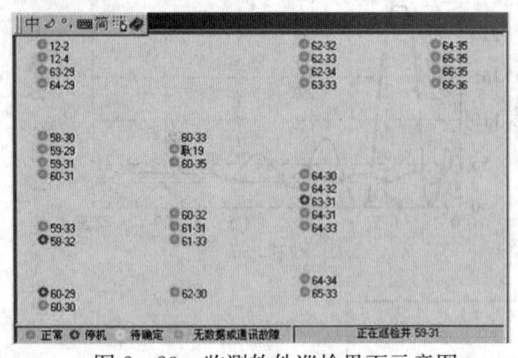

图2-23 监测软件巡检界面示意图

2. 技术要求的影响

1)载荷与位移测试值同步性对测试准确度的影响

图2-24是载荷和位移同步性对比示功图。示功图法油井计量测试,要求测试示功图能详实反映出真实情况,即载荷与位移测试数据组是一一对应的关系。当测试的位移与载荷不是同一时刻的数据时,造成测试示功图失真、图形整体移位。通过计算得到的泵示功图有效冲程也发生变化,严重影响测试及计量值的准确度。

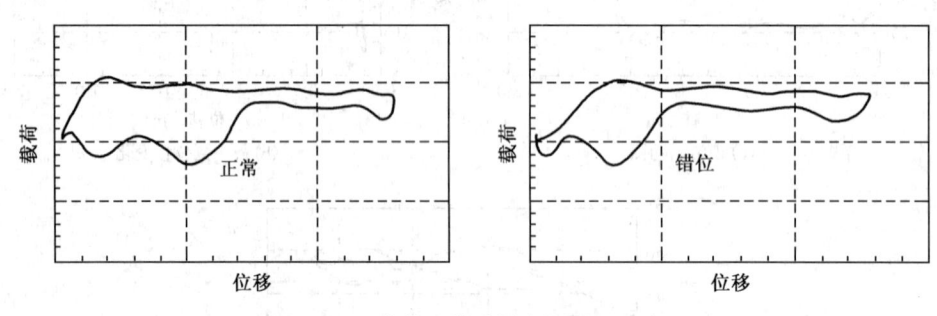

图2-24 载荷和位移同步性对比示功图

2)采集示功图数据组数不能达到技术要求

示功图测试点数少,会直接影响泵有效冲程的判别。从图2-25中可以看出,由于采集示功图数组数不同,通过示功图读取有效冲程时,就会存在较大误差,给后续数据分析带来较大影响。技术要求在一个冲程周期内,示功图采集数据达200组以上。

3)错误示功图

如果示功图打扭、打折,则无法正常计算,如图2-26所示。

4)采集数据量少影响油井产量计算结果

由于通信故障等因素影响造成油井采集数据量少,不能保证技术要求规定的最少10min

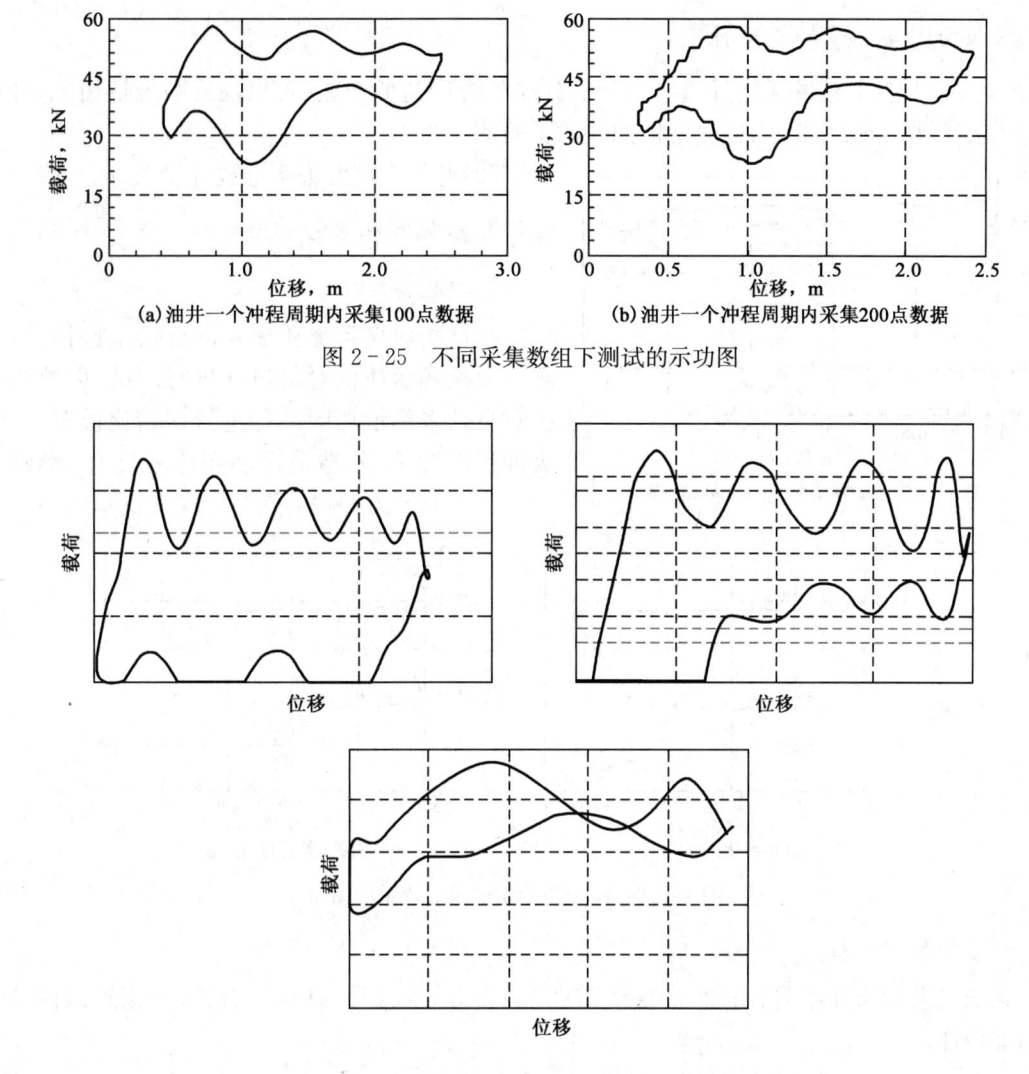

(a) 油井一个冲程周期内采集100点数据　　(b) 油井一个冲程周期内采集200点数据

图 2-25　不同采集数组下测试的示功图

图 2-26　打扭、打折无法计算的示功图

采集一组数据的要求。对于间歇出油和严重供液不足的井,采集数据量如果太少,示功图计算产量将不能反映油井全天的真实产量,造成与实际产量偏差大。

3. 计量软件自身影响

1) 错误示功图剔除

油井计量软件通过完善,对大部分错误示功图的剔除功能有一定程度的提高,但是对于少数出现的错误示功图还不能做到完全剔除,该类采集示功图参与计算也会影响计量精度。

2) 计算时出错

计量软件对极个别示功图在计算时,出现"被0除"的现象,导致计算时出错,造成该井当天产量无法计算。

4. 示功图法计量的局限性

(1)连喷带抽的油井无法计量。由于部分油井投产初期产能高,出现连喷带抽情况,计量软件无法计算。图2-27为连喷带抽油井的示功图。

(2)井筒上部漏失会造成计量失准。

5. 系统管理的影响

1)冲程初始化

在首次建立系统和油井进行措施操作后,必须用便携式示功仪对每口井进行测试,以此为依据对自动采集示功图冲程进行初始化设置,如最大冲程设置不当,造成示功图面积变化,影响计量。图2-28为冲程初始化错误对比示功图。

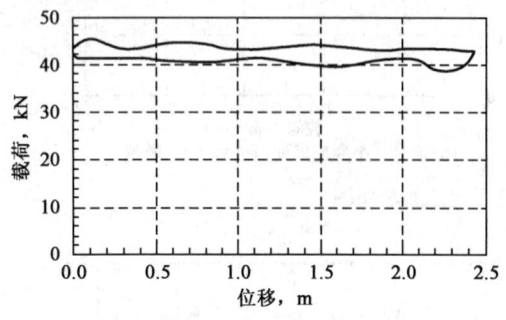

图2-27 连喷带抽油井的示功图

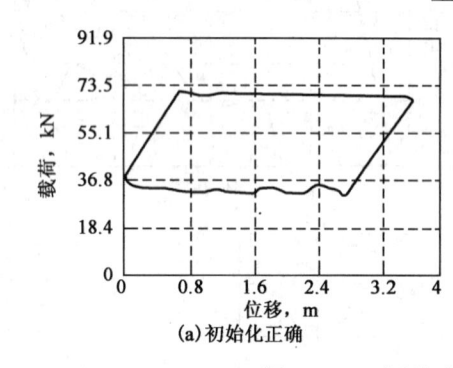

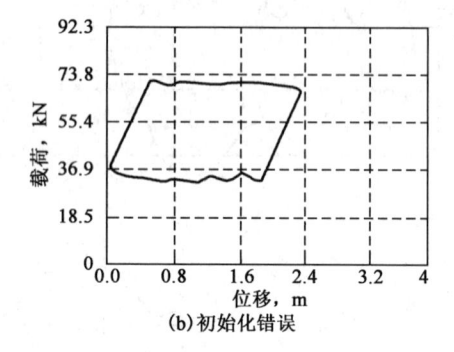

图2-28 冲程初始化错误对比示功图

2)油井数据更新

系统要求对修井作业后的油井参数及时进行更新,如泵径、杆柱组合等,否则难以保证计量的准确性。

3)输入油井节点编号

油井监测输入节点编号如果发生混乱,则传回的采集示功图数据也就发生错乱,导致油井计量发生产量"张冠李戴"的现象。

6. 油井井况的影响

油井本身存在漏失、柱塞松晃、泵卡等现象,影响产量计量准确性。

二、示功图测量过程中常见问题及处理

(1)示功图的载荷变化范围小,但还可以出示功图。

可能的原因是载荷没有安装好,导致压力不能充分压在传感器上,检查传感器是不是受力不实,建议转动一下,后重新受压,看看输出是否正常。

(2)示功图载荷值不变并超出平常上限。

如果是雨后,可能是密封不良进水或受潮等原因,建议观测2d,看看能不能自动恢复。如

果不能自动恢复,可以考虑更换传感器。

(3)与正常示功图相比上下位置漂移。

如果是雨后,可能是载荷传感器密封不良进水或受潮等原因,建议观测 2d,看看能不能自动恢复。

如果是昼夜周期性漂移,应该是昼夜温差大导致的漂移,理论上漂移的范围为 2‰×满量程。如果是 150kN 量程的载荷,则最大漂移应该在 3kN 以内,如果太大,则可以判断载荷有问题。这种情况下需要返厂维修。

如果是晴天,长时间反映出来的漂移,可能是传感器由于老化、高低温等因素导致的漂移。出现这种情况必须拆下传感器进行标定。载荷传感器规定每 6 个月标定一次,为了保证测量精度和系统的长期可靠性,必须按规定定期标定,克服装上后不管、任其老化、损坏、更换的粗放管理方法。

(4)示功图有时不能接收。

示功图有时不能接收的表现是接收不到测试示功图,通常采取的措施是到井场上用网线直连 RTU 测试,就能接收测试的示功图。产生的主要原因是 RTU 与无线网桥的通信网线接触不良、网线损坏、网桥通信故障、软件系统故障等,应该根据不同的故障原因进行维修或更换。

(5)无法采集示功图。

原因一是 RTU 没有工作,没有接通电源;二是 RTU 设置参数不对,主要是 ID 号等;三是载荷传感器电池耗尽,载荷传感器会向 RTU 传送电池电压,可在系统监控界面上查到。现场通常采取的措施是:

①检查网络,排除网络故障;

②检查接线,排除接线故障;

③检查示功图采集设备是否完好,如损坏更换;

④调整示功图采集设备参数配置。

(6)示功图呈线状。

如果示功图是一条水平线段,原因是载荷传感器出问题,可能是电池耗尽、通信模块损坏,数据传不出来,这时需要更换载荷传感器。

如果示功图是一条竖直线段,原因是位移传感器出问题,可能是位移传感器电缆损坏,或是位移传感器坏了,这时需要更换或修复电缆或更换位移传感器。

(7)示功图显示载荷过大或过小。

示功图显示载荷过大或过小,主要原因是载荷传感器漂移,或是 RTU 设置的载荷测量范围与载荷传感器不符,或是更换传感器时所用型号不对,测量范围偏小或偏大。需要更换传感器,重新对载荷进行标定。

(8)示功图杂乱无章。

示功图杂乱无章,主要原因是角位移传感器损坏,可能是信号电缆损坏,或是接线处连接不良,需要检查或更换角位移传感器。具体的做法是将抽油机启动,测量角位移接线端子之间是否有电压,而且电压在 0.5~3.5V 之间变化。如果测量的电压变化,则说明传感器正常,否则返厂维修。

(9)采集的冲程与实际偏差大。

当采集的冲程与实际偏差大时,应检查 RTU 设置参数是否合理,确认无误后,若还是采集值偏差大,则将抽油机停机,保证停机后游梁呈水平位置。用万用表的电压挡测量角位移接线端子之间电压是否在 2.02V±0.2V。如果在此范围内,说明传感器正常,否则需要返厂维修。

(10)示功图采集数少。

无线示功图采集数量的多少由 RTU 设定,如果示功图数量少于设定值,有可能是负荷传感器与 RTU 之间通信故障造成数据传不上来,问题一般出现在载荷传感器上;也可能是 RTU 与网桥或网桥与汇聚点之间通信不畅造成数据传送时断时续,但这种情况下电量数据和温度压力数据也会传不上来。由太阳能电池板供电的载荷传感器发送数量受电池电压影响,电压过低则示功图采集数量明显较少,现场测试电压小于 3.5V 的油井每日示功图采集数均不到 50 张。针对此类问题,通过调整电池板日照方向或清理电池板覆盖的油污等,使之 1d 内日照时间尽量保持在 5h,电压可维持在 3.5V 以上,从而可保证每日示功图采集数,大大降低设备故障率。

(11)信道干扰。

由于载荷位移传感器及井组 RTU 均为无线通信方式,当相邻井组信道相同时,会出现信道干扰(干扰距离超过 1km),但是载荷传感器均有独立的 ID 号,一般不会造成采集错误,但会造成数据错误。一口井可能会同时收到多口其他油井示功图,造成计量混乱。记录、统计错乱示功图出现频次,排查附近所有井场,通过无线信道侦听器侦测干扰井组,对信道相同的井组重新进行规划设定,并观察调整效果。

(12)示功图错乱

部分油井受抽油机振动等外界因素影响,每日均有或多或少的错误示功图存在,此类错误示功图与信道干扰产生的示功图不同,不是完整的示功图形状,而是不规则的闭合曲线或折线。经现场排查发现,对于无线示功图采用加速度测试位移数据,需要抽油机的稳定性极高,在受到抽油机振动等外界干扰时,干扰信号和加速度信号叠加,出现示功图传感器寻找位移周期出错,产生错乱示功图。

记录统计错乱示功图出现频次,通过升级 RTU 驱动,自动判识及删除错误示功图。

(13)一体化太阳能载荷位移传感器数据不能正常发送。

当一体化太阳能载荷位移传感器数据不能正常发送时,首先检查天线连接线是否松动或脱落,是否损坏;再检查太阳能板是否损坏或覆盖油污。

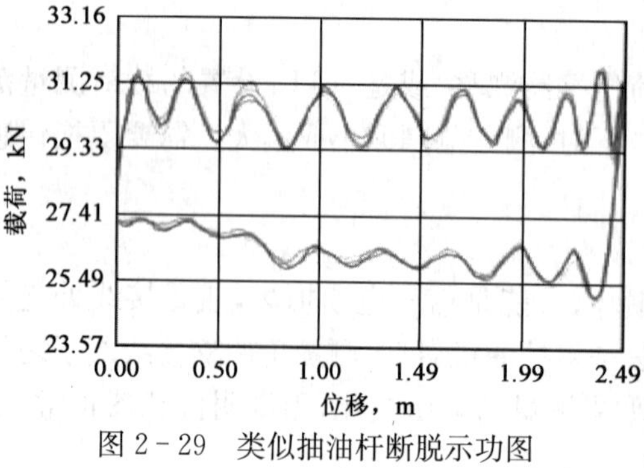

(14)最大、最小载荷差值偏小。

示功图载荷及最大最小载荷差比较小,近似于抽油杆断脱示功图,示功图产量计量误差大,影响工况分析,如图 2-29 所示。原因主要是安装时载荷传感器受力感应面与悬绳器顶面偏载,没有充分接触,特别对于马蹄形载荷传感器,偏载影响更大。

图 2-29 类似抽油杆断脱示功图

(15)示功图出现不规则的折线。

示功图出现不规则的折线,如图 2-30 所示。主要原因是有线载荷传感器接线头接触不良。检查接线,排除接线故障。

(16)最大、最小载荷超出正常载荷范围。

最大、最小载荷超出正常载荷范围,如图 2-31,所示。原因是载荷传感器漂移,应按规定标定。

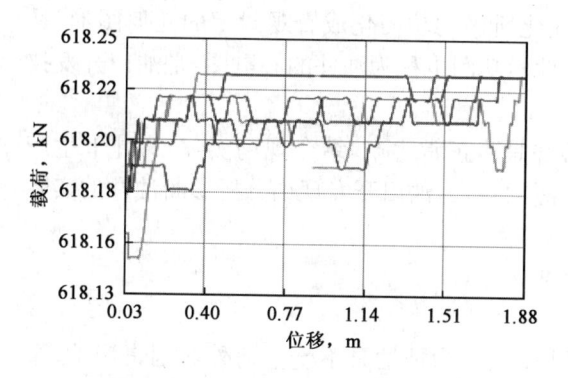

图 2-30　示功图出现不规则折线

图 2-31　最大、最小载荷超出正常载荷范围

(17)示功图形状异常。

当采集示功图与示功仪测试示功图差异大时,如图 2-32 所示。

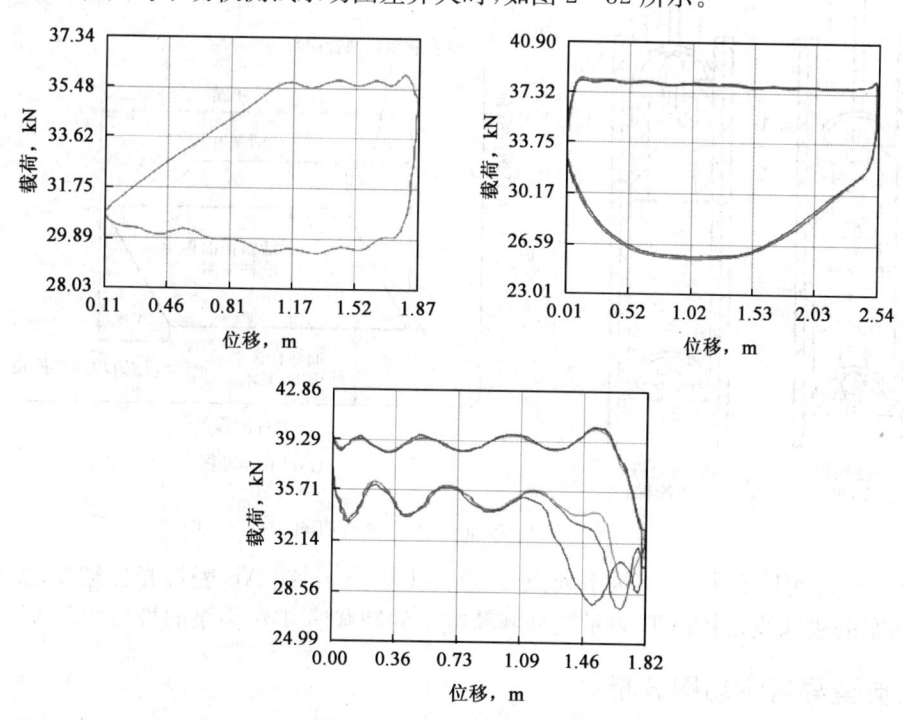

图 2-32　示功图形状异常

主要的处理方法如下:

①检查系统参数配置;

②对不规则的示功图用便携式示功仪人工测试后对比测试结果；
③检查角位移传感器设置正确方向；
④联系集成商查找原因。

第五节 示功图预警分析应用

抽油机示功图是将抽油机井光杆悬点载荷变化所做的功简化成直观封闭的几何图形，是光杆悬点载荷在动态生产过程中的直观反映，因此示功图也称为油井的心电图，是油田开发技术人员必须掌握的分析方法。

通过示功图的正确分析评价，可诊断抽油机井是否正常生产，结合现场实际，对井下生产情况进行解释分析，应用地面示功解决现场实际问题，为油田开发现场分析诊断油井的实际生产情况提供可借鉴性依据。

一、理论示功图的绘制与解释

理论示功图是分析示功图的基础。理论示功图是认为抽油泵不受任何外界因素影响，泵能够完全充满，光杆仅承受静载荷不考虑惯性力时所绘制的示功图(图 2-33)。

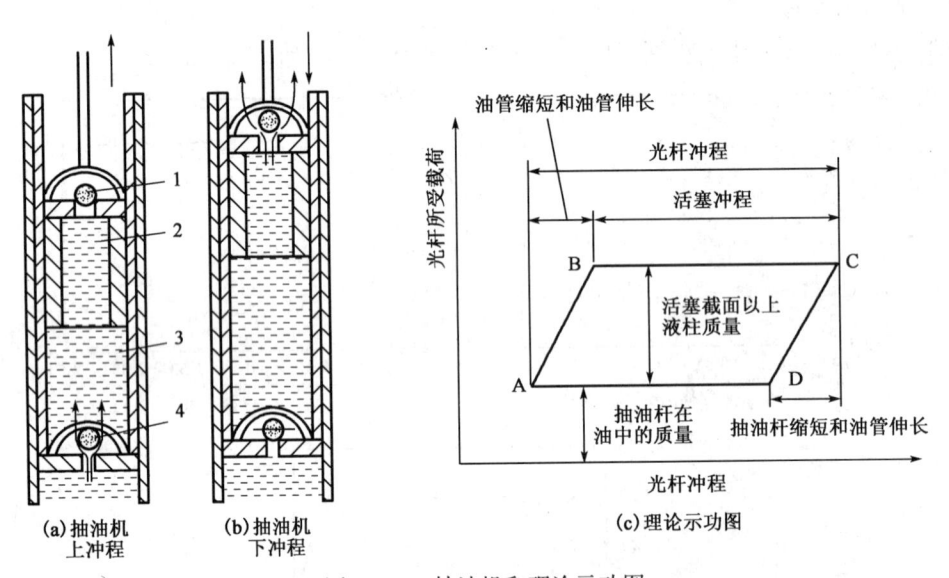

图 2-33 抽油机和理论示功图

从图 2-33 可以看出，A 点为下死点，B 点为上死点，斜线 AB 表示光杆载荷增加的加载线，BC 为泵的吸入线；斜线 CD 表示光杆载荷减小的卸载线，DA 为泵的排出线。

二、典型异常示功图分析

典型示功图分析是示功图分析的基础。所谓典型示功图是指示功图受某一因素影响十分明显，其形状代表了该因素影响下的基本特征。下面对典型示功图作分析。

1.正常示功图

泵工作正常的示功图与理论示功图差异不大,为一近似的平行四边形,除了抽油设备的轻微振动引起一些微小波纹外,其他因素的影响不明显,如图 2-34 所示。

2.惯性载荷影响较大的示功图

如图 2-35 所示,由于下泵深度、光杆负荷大、抽汲速度快等原因在抽油过程中产生较大的惯性载荷。在上冲程时,因惯性力向下,悬点载荷受惯性影响较大,下死点 A 上升到 A′,AA′即是惯性力的影响增加的悬点载荷,直到 B′点才增载完毕;在下冲程时,因惯性力向上使悬点载荷减少,上死点由 C 降低到 C′,直到 D′才卸载完毕。这样一来使整个示功图较理论示功图沿顺时针方向偏转一个角度,活塞冲程由 $S_{活}$ 增大到 $S_{活}'$。

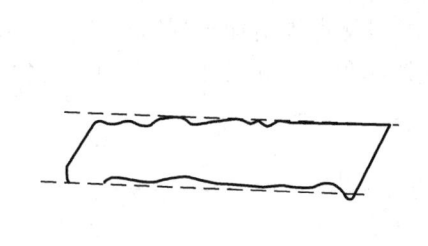

图 2-34 正常示功图

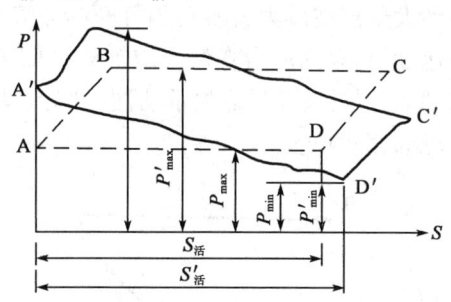

图 2-35 惯性载荷影响示功图

3.气体影响的示功图

受伴生气体影响的示功图如图 2-36 所示。由于在下冲程末端余隙内还残存一定数量的气体,上冲程开始后,泵内压力因气体膨胀而不能很快降低,使固定阀滞后打开,卸载变慢,示功图右下角呈"刀把形"。泵余隙越大,气量越多,"刀把"越明显。

4.供液不足示功图

由于泵的沉没度太小,供液不足,液体不能充满泵筒,其示功图如图 2-37 所示。供液不足示功图的典型特点是下冲程中悬点载荷不能立即变小,只有当活塞接触到液面时才迅速卸载,所以卸载线较气体影响的卸载线陡而直。

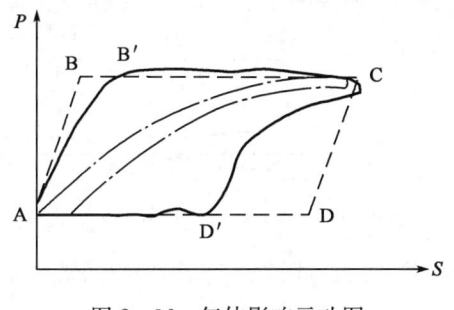

图 2-36 气体影响示功图

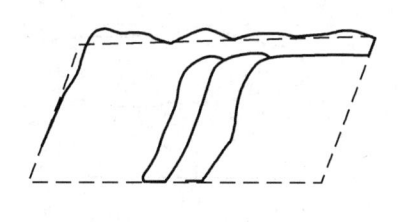

图 2-37 供液不足示功图

5.排出部分漏失的示功图

排出部分漏失的示功图,如图 2-38 所示。上冲程时泵内压力降低,活塞两端产生压差使活塞上面的液体经排出部分不严密的地方漏到活塞下部的工作筒内,由于漏失到活塞下部的液体向上的顶托,悬点载荷不能及时上升到最大值,使加载缓慢,直到活塞上行速度大于漏失速度时悬点载荷才达到最大。当活塞上行到后半冲程时,因活塞速度减慢,若活塞速度小于漏失速度,又出现漏失液体的顶托作用使悬点提前卸载。当漏失量很大时,由于漏失液体对活塞的顶托作用很大,上冲程载荷远低于最大载荷,固定阀始终关闭,泵的排量为零。总之,排出部分漏失时的特点是增载线变缓,卸载提前,卸载线变陡。

6. 吸入部分漏失的示功图

吸入部分漏失的示功图,如图 2-39 所示。由于吸入部分漏失,下冲程开始泵内压力不能及时提高,而延缓了卸载过程,游动阀此时也不能及时打开;当活塞速度大于漏失速度后,泵内压力提高到大于液柱压力将游动阀打开卸去液柱载荷。下冲程后半冲程因活塞速度减小,当小于漏失速度时,泵内压力降低使游动阀提前关闭(A′),悬点提前加载到达下死点时悬点载荷已增加到 A″。吸入部分漏失示功图的特点是卸载线倾角要比正常小,示功图右上尖,左下圆,增载线比卸载线陡。

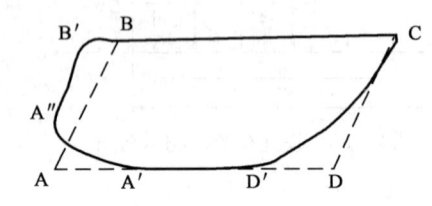

图 2-38 排出部分泵漏失示功图 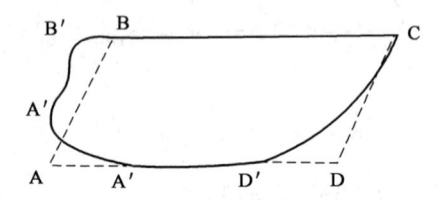　　图 2-39 吸入部分泵漏失示功图

7. 吸入部分和排出部分均漏失的示功图

泵吸入和排出部分均漏失,示功图如图 2-40 所示。

8. 连抽带喷井的示功图

具有一定自喷能力的油井,抽油实际上只起诱喷和助喷作用,在抽油过程中,固定阀和游动阀处于同时打开状态,液柱载荷基本加不到悬点,示功图的位置和载荷的变化大小取决于喷势的强弱及抽汲液体的黏度。该工况示功图如图 2-41 所示。

图 2-40 吸入部分和排出部分均漏失的示功图　　图 2-41 连抽带喷井的示功图

9. 抽油杆断脱的示功图

抽油杆柱在某一位置被拉断或在某一个接箍处脱扣断开后,悬点载荷实际上是断脱点以上的抽油杆柱在液体中的质量,但是由于抽油杆柱与液柱有摩擦力,使上下冲程的载荷线不重

合。示功图呈细长条形,其位置的高低取决于断脱点的位置,断脱点越靠上,示功图越靠下,如图2-42所示。

10. 活塞全部脱出工作筒示功图

如果防冲距太大,活塞位置下得过高,在上冲程中活塞全部脱出泵筒。活塞脱出泵筒时,悬点突然卸载,示功图如图2-43所示。

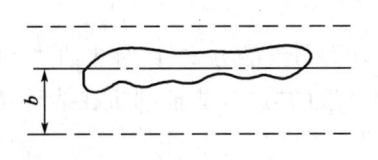

图2-42 抽油杆断脱的示功图　　图2-43 活塞全部脱出工作筒示功图

11. 碰泵示功图

如果防冲距过小,下冲程近下死点处,活塞碰固定阀,引起载荷急剧减小,经常由于冲击载荷引起抽油杆柱的振动载荷,如图2-44所示。

12. 油井出砂示功图

砂粒进泵造成活塞工作时砂阻,由于光杆载荷发生不规则的变化,载荷线呈现不规则的锯齿状尖峰,如图2-45所示。

13. 油井结蜡油稠示功图

由于油井结蜡油稠,使杆柱上下行均增加了摩擦力,使上行程增载,下行程减载,使示功图变"胖",如图2-46所示。

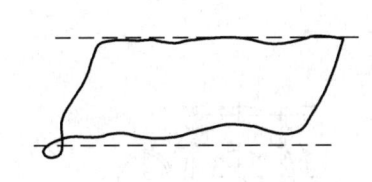

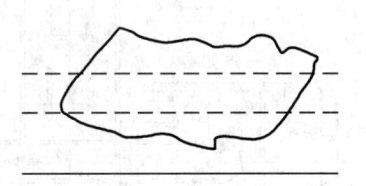

图2-44 碰泵示功图　　图2-45 油井出砂示功图　　图2-46 油井结蜡油稠示功图

为便于记忆,将上面的12种情况用口诀的形式表现出来就是:
示功图虽只四条线,横程竖载不简单;理论示功图正四方,实际示功图向右偏;
右上尖,左下圆,固定阀未座严;右上圆,左下尖,游动阀空中悬;
气体影响卸载缓,供液不足刀把弯;自喷杆断油管漏,一条黄瓜横下边;
泵遇砂卡狼牙棒,油稠蜡重肥而圆;横线外凸泵筒弯,上挂下碰戴耳环;
上右下左黄瓜悬,定是柱塞卡筒间;苦学攻克识图关,管好油井定不难。

第三章　螺杆泵抽油井在线计量系统

游梁式抽油机和链条式抽油机液量计量采取示功图量液的方式,针对非抽油机如螺杆泵、水力活塞泵、水力喷射泵、电潜泵等无法使用示功图量液的方式,非抽油机在线计量系统有效解决了非抽油机液量计量问题。

针对不同油井的特点,采用多项业内前沿技术,非抽油机在线计量系统解决了杂物自洁、液气分离、低液过黏等计量技术难题,具有适应范围宽、运行稳定、数据准确、有自洁功能、安装维护方便等特点,达到了油田信息化建设设计要求,为相关单位生产运行提供了可靠的保障。

第一节　螺杆泵抽油井在线计量系统组成与特点

一、系统组成

螺杆泵抽油井在线计量装置由井口液量计量装置、螺杆泵转速检测装置、数据采集处理显示远程装置三个部分组成,结构如图3-1所示。

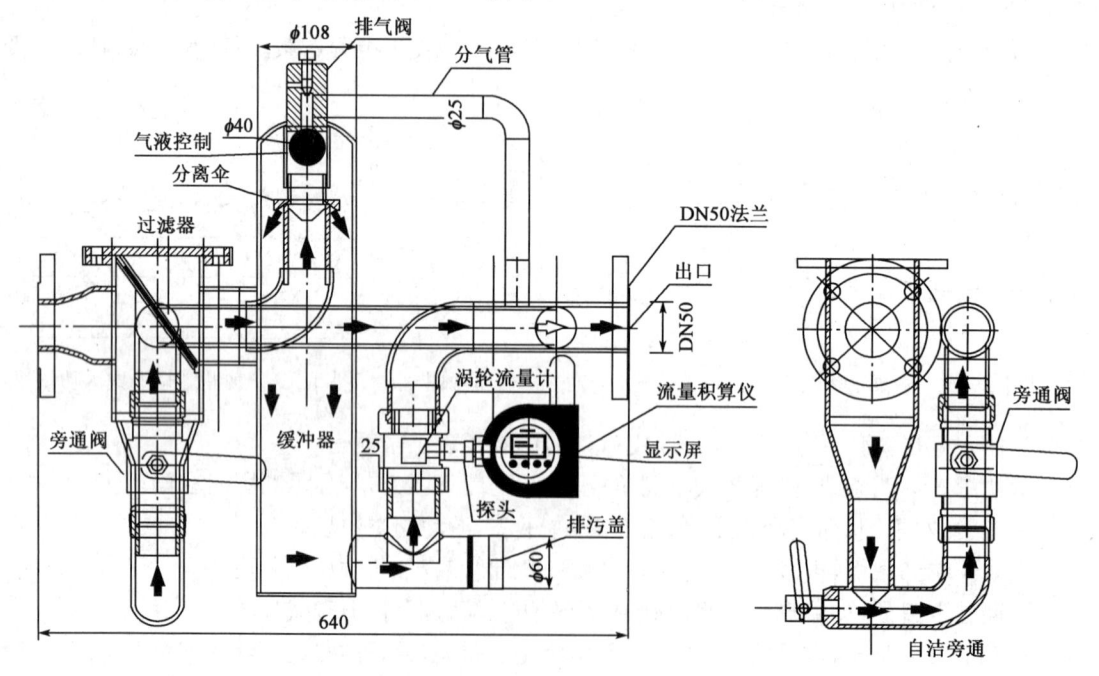

图3-1　螺杆泵抽油井在线计量装置结构图

1. 井口液量计量装置

1)装置构成

井口液量计量装置主要由杂物过滤器、自洁旁通、缓冲器、液气分离伞、气液控制、排气阀、涡轮流量计等部分组成。

2)功能与作用

(1)杂物过滤器:螺杆泵、电潜泵等采油设备,在生产作业过程中会有胶皮或其他杂物脱落,在装置前端设计杂物过滤器,可有效滤除液体中的杂物。

(2)自洁旁通:定期开启旁通阀门将过滤器中聚集的杂物排到下游流程。

(3)缓冲器:稳定液体流速,提高计量精度。

(4)液气分离伞:微压碰撞式气液分离,同时具有单流阀功能。

(5)气液控制:液面控制,防止液体分流。

(6)排气阀:气量检测。

(7)涡轮流量计:液量计量,采用改进型螺旋线叶轮,经不粘油处理。

3)工作原理

非抽油机井在线计量的工作原理是:由井下产出的混合液首先经过过滤器滤除杂物,然后进入液气分离装置,液气分离装置由喷嘴和分离伞组成。液体向上喷出时,分离伞旋转,液体向下散落,实现液气分离。液体向下进入缓冲器,气体向上经排气管进入下游流程。节流阀的作用是控制液面高度,防止液体经排气管分流。流缓冲器的作用是稳流,使液体流速平稳,从而提高涡轮流量计的计量精度。流程中还设计了磁性颗粒吸附装置,阻止磁性颗粒进入涡轮流量计,防止涡轮卡轮。经上述各种措施处理过的液体流经涡轮流量计时,已经变得相对平稳纯净,可以实现井口液量的精确计量。

2. 螺杆泵转速检测装置

1)装置构成

螺杆泵转速检测装置由检测探头、数据处理及发射器、检测卡环等三部分组成,图3-2是螺杆泵转速检测装置。

2)功能与作用

(1)检测探头:由线性霍尔模块和放大判决电路构成,当螺杆泵光杆转动时产生转速脉冲信号。

(2)数据处理及发射器:将转速脉冲转换成数字信号发往积算仪。

图3-2 螺杆泵转速检测装置

(3)检测卡环:卡环内置高温型永久磁铁,转动时供检测探头检测。

3)工作原理

螺杆泵转速检测装置的工作原理是将磁铁卡环卡在螺杆泵光杆上,将检测探头固定在螺杆泵合适的位置上,光杆转动时磁铁随之转动,检测探头产生光杆转速相同周期的脉冲信号,该信号经数据处理后传至流量积算仪,进一步处理后传至RTU并上传。

3. 数据采集处理显示远程装置

智能流量积算仪与各种流量传感器或变送器、温度传感器或变送器和压力变送器配合使用，智能流量积算仪可对各种液体、蒸汽、天然气、一般气体等流量参数进行测量显示、累积计算、报警控制、变送输出、数据采集及通信。

1）装置构成

数据采集处理显示远程装置如图 3-3 所示。数据采集处理显示远程装置主要由流量变送器、流量积算仪、数据远传装置三部分组成。

2）功能与作用

智能流量积算仪具有全范围自动温度、压力补偿运算，补偿方式任意设定；线性积算、开方积算任意设定；瞬时流量、累计流量、温度、压力多种参数显示；累计流量值可通过面板按键清零，清零操作可锁；掉电保护功能等特点，采用先进的模块化结构，配合功能强大的仪表芯片，功能组合、系统升级非常方便。

图 3-3 数据采集处理显示远程装置

（1）流量变送器：流量脉冲检测采用特殊检测电路，能可靠检测到 2Hz/s 的脉冲信号（一般变送器≥10Hz/s）。

（2）流量积算仪：流量积算，显示瞬时流量，累计流量及螺杆泵转速，自动巡检并配置转速传感器参数，积算系数分六段配置的保障计量转速。

（3）数据远传装置：实现与 RTU 通信同时接受转速传感器的数据，按油田要求，可选用"递进"和"四信"ZigBee 模块。

3）工作原理

该装置接收流量变送器输出的脉冲信号，将其换算成流量并积累存储，可显示瞬时流量、累计流量，同时接收转速传感器传输过来的信号，获得螺杆泵转速并和瞬时流量交替显示。可通过按键实现三项参数的交替或定项显示。装置内置工业级 ZigBee 模块，可将采集到的数据无线传输到开关柜内的 RTU 上进一步处理和上传。

二、在线计量装置特点

螺杆泵抽油井在线计量装置具备以下特点。

1. 适用范围宽

由于该装置采用了多项独特技术，不仅适用常温井，也能适用于热采井，不仅适用于普通油井使用，也能适用于高含气井和低液高黏井，而且能适用于各种采油设备。

2. 量程范围宽

油井单井产液量相差很大，低至 $1m^3/d$ 高至数百立方米每天都有，同一油井不同阶段液量变化也很大。为适应这一特点，采用高灵敏检测探头和改进型螺旋线叶轮使量程范围充分展宽,DN32mm 量程范围 0.2～50m³/h,DN50mm 量程范围 0.5～100m³/h,这两种口径的涡轮流量计能满足所有油井的井口计量。

3. 经久耐用,故障率低

螺杆泵抽油井在线计量装置中所用的涡轮流量计,是本装置的核心部件,它的叶轮是采用双相不锈钢经特殊工艺铸造而成,再经喷砂、防粘涂复等工艺处理,具有耐腐蚀、抗磨损、不粘油、阻力小的特点。涡轮的轴泵和轴套采用德国KFC公司的碳化钨材料经激光等精密工艺制造。在油井上连续运行 4a 的涡轮流量计,拆开后检测没有明显的磨损痕迹。在井上运行的多口井的流量计,没有一台发生过故障。

4. 具有自洁功能

此套装置中设计了自洁旁通,定期开启旁通阀门可将过滤器中的杂物直排到下游流程,避免清理过滤器时造成环保问题。

三、在线计量装置基本参数

(1)测量介质:油井产出液。

(2)介质成分:油气水混合液。

(3)测量参数:瞬时液量,累计液量,转速(螺杆泵)。

(4)适用范围:潜油电泵,螺杆泵,水利喷射泵。

(5)公称口径:DN50mm。

(6)公称压力:≤4MPa。

(7)最高压力:≤6MPa。

(8)量程范围:DN50mm 为 0.5～100m³/h;DN32mm 为 0.2～50m³/h。

(9)计量精度:≤±3.0%。

(10)介质温度:普通型 0～85℃;高温型 0～260℃。

(11)环境温度:-40～85℃。

(12)流体黏度:≤10000mPa·s。

(13)含气量:≤500m³/d。

(14)装置压损:≤0.05MPa。

(15)供电:DC24V(有线)/DC3.6V 锂电池(无线)。

(16)电池使用寿命:≥3 年。

(17)输出信号:RS485/ZigBee。

(18)信号协议:与油田 RTU 匹配。

(19)防爆等级:ExiaIICT4。

(20)防护等级:IP65。

(21)主体材质:304 不锈钢(陆地)/316 不锈钢(海上)。

(22)连接方式:DN50mm 法兰。

第二节　螺杆泵抽油井在线计量装置安装、调试与使用

一、在线计量装置安装

1. 井口计量装置本体安装

井口计量装置本体安装图如3-4所示，在安装过程中应注意以下几点：
(1)流程改造。按图所示尺寸改造井口流程。
(2)安装时应保证出入口水平，缓冲器应垂直。
(3)对于螺杆泵井，视出杂物情况，定期开启旁通阀门，排出杂物，每次开启时间5min左右。

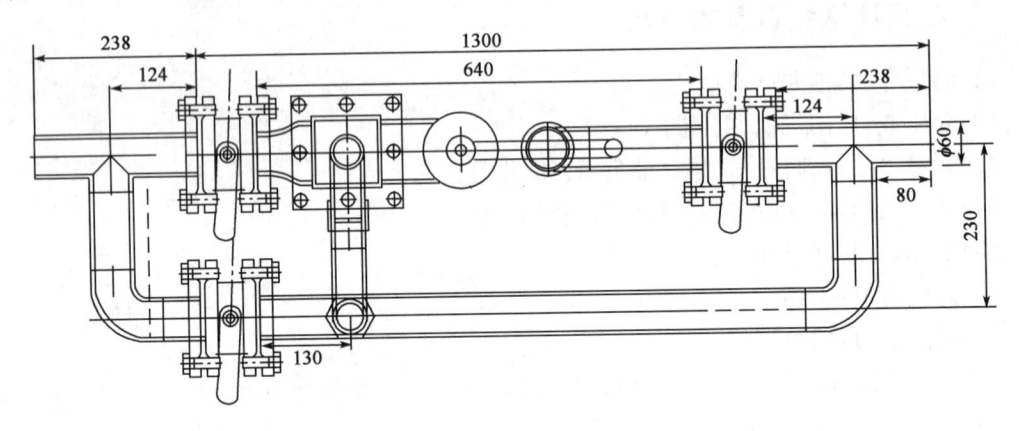

图3-4　井口计量装置

2. 螺杆泵转速检测装置安装

螺杆泵转速检测装置安装如图3-5所示，在安装过程中应注意以下几点：
(1)按图3-5将检测探头吸在井口法兰下方，卡环卡在光杆上对准检测探头。
(2)卡环与探头距离应小于1cm。

图3-5　螺杆泵转速检测装置

二、数据采集处理显示远程装置安装、调试

螺杆泵抽油井在线计量数据采集处理显示远程装置如图3-6所示。

1. 仪表显示操作

在工作状态下,依次轮流显示"瞬时流量""累计流量""转速"三项参数,按上箭头键、下箭头键、右箭头键进入固定显示模式,分别固定显示上述参数之一,此模式下同时按任意两个键可恢复轮流显示状态。其中"转速"项显示"001"表示无转速信号。

2. 仪表设置

仪表调试主要有设置积算仪的网络号、信道号和转速装置的信道号。积算仪的网络号、信道号由井号计算得到,转速装置的信道号由转速标示。

图3-6 数据采集处理显示远程装置

正常显示状态下,按下SET键进入设置模式。此模式下,第一行显示参数名称,第二行显示参数数值,第三行显示参数单位。参数数值某一位闪烁表示可修改此位,上、下箭头键可增加、减少对应数值,如超出范围则不改变数值。右箭头键可循环改变要设置的参数数值位,SET键记忆该参数并切换到下一项参数设置,约12s无键按下自动保存修改的参数并退出设置模式,进入正常显示模式。

仪表可设置六段流量校正系数、信道数、网络ID、网络地址、转速接收使能共10项参数。设置校正系数时,前三位表示流量传感器输出脉冲的频率上限,后面五位表示对应修正数值。

信道数:ZigBee模块工作信道。

网络ID:ZigBee模块PANID。

网络地址:ZigBee模块8位MAC地址。

转速接收使能:为0时关闭接收及显示,否则允许接收及显示该项。无转速传感器时应设置为0。

现场仪表调试完毕后,及时更新RTU程序和配置信息表;观察该井的上数情况是否正常(包括转速、瞬时流量、累计流量);若流量显示数据与实际流量相差很大,需及时排查。

3. 日常检查

在线计量数据显示远传装置在日常检查、使用过程中,应注意以下几点:

(1)如果安装的油井距离较近,那么小范围内几口井先选取转速装置,要选用信道号不同的转速装置,防止干扰。

(2)涡轮采用不锈钢材质,使用中不要将涡轮刷漆,刷漆后涡轮的型号被盖上,带来维修的不变。

(3)注采站应定期开启自洁装置,巡井过程,每次操作只需开关一次球阀,操作非常方便,基本不带来工作量。

(4)如果发现杂物卡轮,请加密开启自洁装置。

第三节　油井智能微差压在线计量系统

油井多相流产量准确、及时的计量,对掌握油井生产动态和工况,制定生产优化措施,具有重要的指导意义。目前国内石油行业中应用较多的多相流流量计,在测量过程中会产生一定的附加压力降,增大了井口回压,而较高的井口回压会增加油井的能耗并且影响油井的产量。油井智能微差压在线计量系统具有压损小、功能强、精度高、自动化程度高等优点;油田智能微差压计量系统通过无线远传数据和软件分析计算,能够及时准确得到油井的井口温度、压力、压差、瞬时流量、时段产量、累计产量和平均产量。

一、油井智能微差压在线计量系统特点

图 3-7 是油井智能微差压在线计量系统,图 3-8 是装置现场安装图。

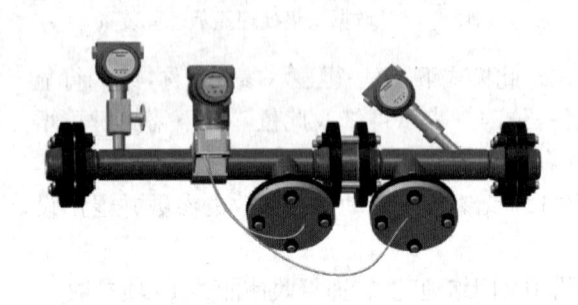

图 3-7　油井智能微差压在线计量系统　　图 3-8　油井智能微差压在线计量装置现场安装图

油井智能微差压在线计量系统具有以下特点:

(1)由于采用微差压计进行节流差压测定,压力损失小,不会因为安装差压计造成井口压力升高,影响油井产量。

(2)由于采用微差压计,节流器前后压力、压差值是在一个测量系统里,避免了压力反转和零点漂移问题。

(3)微差压法对流经差压测量装置的多相流体,考虑了流体雷诺数对流体流出系数及可膨胀系数的影响,从而准确对流出系数和可膨胀系数进行修正计算;计量模型有坚实的物理理论基础,使用范围基本没有限制。

(4)微差压法计量考虑了不同含水率、不同气油比对产量计量影响,适合于不同含水率、不同气油比条件下的油井的产液量计量,能够及时反映产液量的变化趋势。

(5)更准确地计算出多相流体混合密度等物性参数,并通过在线温度补偿、压力补偿的方法对多相流体物性参数进行精确修正,进一步提高产液量计量精度。

(6)油井的计算误差可以保证在 5% 以内,可以通过标定进一步提高计算准确度。

二、油井智能微差压在线计量系统工作原理

油井智能微差压在线计量系统计量原理是基于欧洲流量计计量模型,主要适应高气液比

电泵井计量。

通过安装在油井井口处的智能微差压计量装置精确测得节流微小压差数据,结合每口井含水率、油密度及生产气油比对多相流体进行黏度、混合密度等相关运算参数进行精确修正,根据修正后的参数对多相流体的流出系数进行迭代求解,同时还考虑了气体的可膨胀系数对流量计算的影响,并通过温度补偿、压力补偿等方式最终根据多相流节流流量计算模型准确计算出不同含水率、不同气油比条件下的油井产量。

$$Q = 86.4 \frac{\eta \cdot C \cdot \varepsilon}{\sqrt{1-\beta^4}} \frac{\pi}{4} d^2 \sqrt{\frac{2\Delta p}{p_1}} \tag{3-1}$$

$$\beta = \frac{d}{D} \tag{3-2}$$

式中　Q——流体的体积流量,m³/d;
　　　ε——被测介质的可膨胀性系数,对于液体 $\varepsilon=1$,对于气体、蒸气等可压缩流体 $\varepsilon<1$;
　　　d——工作状况下节流件的等效开开孔直径,mm;
　　　C——流出系数;
　　　η——标定系数;
　　　Δp——节流差压,即油压与回压差值,MPa;
　　　β——直径比;
　　　D——管线直径,mm;
　　　p_1——工作状况下节流件上游取压孔处可压缩流体的绝对静压,即油井的油压,MPa。

三、技术指标

微差压法产液在线计量充分考虑油井类型、含水量、含气量、产液量等综合因素,油井的计量达到相当高的精度,相对误差不超过 5.0%,尤其在产液量的波动趋势上,表现出了与人工计量几乎相同的波动特性。目前,在各油田非抽油机采油计量方面也有应用。

油井智能微差压在线计量系统的技术参数如表 3-1 所示。

表 3-1　油井智能微差压在线计量系统技术指标

结构形式	水平式、角式	公称压力	低压型	0.6~4.0MPa
			高压型	6.3~42MPa
量程比	10:1;15:1;20:1	电源	DC24V	
			单相 AC(220±20)V,50Hz	
流速范围	0.3~6m/s(可选)	环境温度	−30~80℃	
输出信号	RS485、脉冲信号输出,无线输出等多种输出方式	介质温度	0~120℃	
公称口径	DN(15~300)mm(水平式)	防护等级	IP65	
	DN(25~80)mm(角式)			

四、仪表设置与调试

1. 仪表设置

正常显示状态下,同时按下左、右键进入设置模式。此模式下,第一行显示参数名称,第二行显示参数数值,参数数值某一位闪烁表示可修改此位,上、下箭头键可增加、减少对应数值,如超出范围则不改变数值,右箭头键可循环改变要设置的参数数值位。同时按下左右键记忆该参数并切换到下一项参数设置,约12s无键按下自动保存修改的参数并退出设置模式,进入正常显示模式。

仪表可设置六段流量校正系数,信道数,网络ID,网络地址,转速接收使能共10项参数。

设置校正系数时,前三位表示流量传感器输出脉冲的频率上限,后面五位表示对应修正数值。

信道数:ZigBee模块工作信道。

网络ID:ZigBee模块PANID。

网络地址:ZigBee模块8位MAC地址。

转速接收使能:为0时关闭接收及显示,否则允许接收及显示该项。

2. 仪表调试

图3-9为数显装置外形及按键图,在参数设置过程中注意以下几点:

图3-9 数显装置外形及按键

(1)同时按下左右键,第一行显示S—1,流量校正系数1;第二行显示00316.000;前三位为流量脉冲上限,后五位为流量值,单位L/Hz;闪烁位为调整位,上下键调整数值,左右键换位。

(2)同时按下左右键,第一行显示:S—2,流量校正系数2;第二行显示00616.000;前三位为流量脉冲上限,后五位为流量值,单位L/Hz;闪烁位为调整位,上下键调整数值,左右键换位。

(3)同时按下左右键,第一行显示:S—3,流量校正系数3;第二行显示01016.000;前三位为流量脉冲上限,后五位为流量值,单位L/Hz;闪烁位为调整位,上下键调整数值,左右键换位。

(4)同时按下左右键,第一行显示:S—4,流量校正系数4;第二行显示01516.000;前三位为流量脉冲上限,后五位为流量值,单位L/Hz;闪烁位为调整位,上下键调整数值,左右键换位。

(5)同时按下左右键,第一行显示S—5,流量校正系数5;第二行显示02516.000;前三位为流量脉冲上限,后五位为流量值,单位L/Hz;闪烁位为调整位,上下键调整数值,左右键换位。

(6)同时按下左右键,第一行显示S—6,流量校正系数6;第二行显示04016.000;前三位为流量脉冲上限,后五位为流量值,单位L/Hz;闪烁位为调整位,上下键调整数值,左右键换位。

(7)同时按下左右键,第一行显示:CH2,ZigBee信道号;第二行显示00000023,上下左右键调整。

(8)同时按下左右键,第一行显示PId,网络ID;第二行显示00011996,上下左右键调整。

(9)同时按下左右键,第一行显示——0,累计流量清零;第二行调整为00000999。

(10)同时按下左右键,第一行显示CH0,螺杆泵转速信道;第二行调整为与转速传感器号码相同;如果不是螺杆泵,第二行调整为00000000,则不再显示转速。

第四章　RTU与多功能抽油机控制柜

第一节　多功能抽油机控制柜组成与原理

一、多功能抽油机控制柜组成

多功能抽油机控制柜是油田油气生产信息化建设过程中开发的专利产品之一。多功能抽油机控制柜集抽油机启停控制、数据采集与通信、智能控制、抽油机电动机保护等功能于一体，具有分仓设计、强弱电隔离、有效防止电磁干扰、安全性和可靠性更高的特点。

1. 外观与结构

多功能抽油机控制柜外观及结构如图 4-1、图 4-2 所示。

多功能抽油机控制柜主要有 RTU 控制单元、馈电单元和执行单元组成，采用分仓设计、强弱电隔离、多功能集成架构。外观标示统一采用标准化的油田 LOGO 和安全标示图标。

控制柜主要有：低压断路器、交流接触器、电流互感器、按钮及指示灯、多功能电表、RTU、开关电源、隔离变压器、变频器及其制动单元等电器元件组成。

图 4-1　多功能抽油机控制柜外观

图 4-2　多功能抽油机控制柜结构

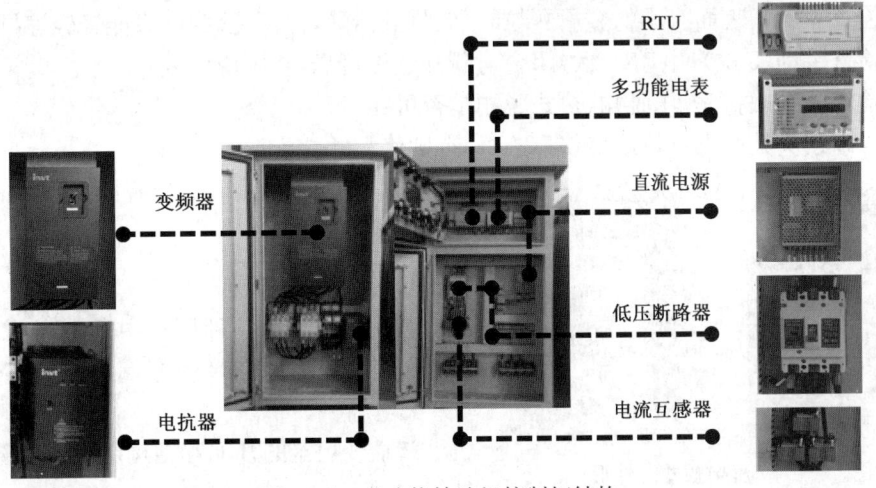

2. 主要电器

1) 低压断路器

低压断路器又称自动空气开关,是低压交、直流配电系统中的重要保护电器之一;低压断路器是一种既有手动开关作用又能自动进行欠压、失压、过载和短路保护的电器。

在电气设备控制系统中,常选用塑料外壳式断路器或漏电保护式断路器;在电力网主干线路中主要选用框架式断路器;在建筑物的配电系统中一般采用漏电保护器。

在考虑具体参数时,主要考虑额定电压、壳架等级额定电流和断路器额定电流三项参数,其他参数只有在特殊要求时才考虑。

(1)低压断路器的额定电压应大于或等于安装处的线路额定电压;低压断路器的额定电流(主触头长期允许通过的电流)应大于或等于安装处线路在正常情况下的最大工作电流。

(2)断路器的开断电流(容量)要大于或等于安装处的短路电流(容量)。

(3)根据使用环境、工作要求、安装地点和供货条件选择适当的形式。

(4)脱扣器额定电流(即脱扣器长期允许通过的最大电流)的选择,也按照大于或等于安装处线路在正常情况下的最大工作电流来进行。

(5)选择脱扣器的动作整定电流或整定倍数,过载长延时脱扣器按躲开线路在正常情况下的最大工作电流整定;短路短延时和短路瞬时脱扣器按躲开线路在正常情况下的最大尖峰电流整定。

(6)灵敏度校验。脱扣器的动作电流整定出来后,需要校验在保护范围末端,最小运行方式下发生两相或单相短路时,脱扣器是否能可靠地跳闸。要求算出来的灵敏系数大于或等于规定值。

低压断路器日常检查与保养:

(1)用 500V 摇表测量绝缘电阻,应不低于 10MΩ,否则应烘干处理;

(2)清除灭弧罩内的碳化物或金属颗粒,如果灭弧罩破裂,则应更换;

(3)低压断路器在闭合和断开过程中,其可动部分与灭弧室的零件应无卡阻现象;

(4)在使用过程中发现铁芯有特异噪声时,应清洁其工作表面;

(5)各传动机构应注入润滑油;

(6)检查主触头表面有小的金属颗粒时,应将其清除,但不能修锉,只能轻轻擦拭;

(7)检查手动(3次)、电动(3次)闭合与断开是否可靠,否则应修复;

(8)检查分励脱扣、欠压脱扣、热式脱扣是否可靠,否则应修复;

(9)检查接头处有无过热或烧伤痕迹,如有则修复并拧紧;

(10)检查接地线有无松脱或锈蚀,如有则除锈处理并拧紧。

2) 交流接触器

交流接触器是一种用于中远距离频繁地接通与断开交直流主电路及大容量控制电路的一种自动开关电器。

交流接触器的外形和结构示意图如图 4-3 和图 4-4 所示。

图 4-3 交流接触器的外形

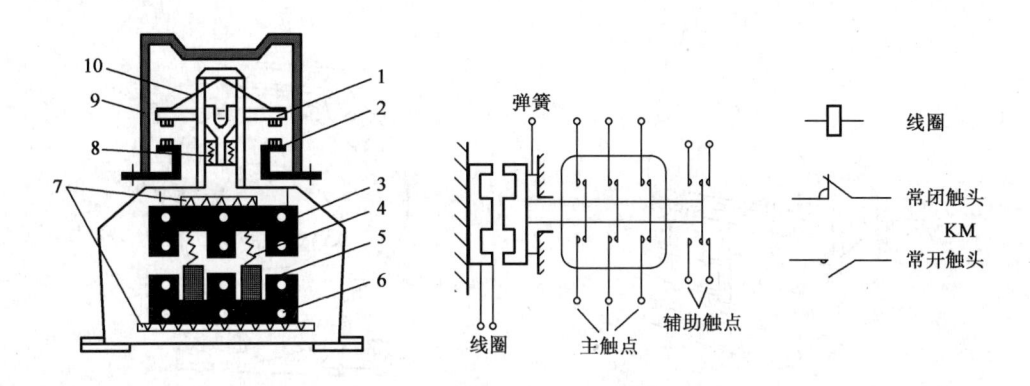

图 4-4 交流接触器结构示意图

1—动触头；2—静触头；3—衔铁；4—弹簧；5—线圈；6—铁芯；7—垫毡；
8—触头弹簧；9—灭弧罩；10—触头压力弹簧

接触器的主要技术参数有极数和电流种类、额定工作电压、额定工作电流（或额定控制功率）、额定通断能力、线圈额定电压、允许操作频率、机械寿命和电寿命、接触器线圈的启动功率和吸持功率、使用类别等。

常用的交流接触器有 CJ20、CJX2、CJ12 和 CJ10、CJ0 等系列，直流接触器有 CZ18、CZ21、CZ22 和 CZ10、CZ2 等系列。

一般根据以下原则来选择接触器：

(1) 接触器类型。交流负载选交流接触器，直流负载选直流接触器，根据负载大小不同，选择不同型号的接触器。

(2) 接触器额定电压。接触器的额定电压应大于或等于负载回路电压。

(3) 接触器额定电流。接触器的额定电流应大于或等于负载回路的额定电流。

对于电动机负载，可按下面的经验公式计算：

$$I_j = 1.3 I_e \tag{4-1}$$

式中　I_j——接触器主触点的额定电流；

　　　I_e——电动机的额定电流。

(4) 吸引线圈的电压。吸引线圈的额定电压应与被控回路电压一致。

(5) 触点数量。接触器的主触点、常开辅助触点、常闭辅助触点数量应与主电路和控制电路的要求一致。

3) 电流互感器

电流互感器是将大电流转换成 5A 或 1A 的电流，适合仪表、保护装置所用电流的电气元件。测量用电流互感器准确度有 0.1、0.2、0.5、1、3、5 等级。图 4-5 是电流互感器示意图。

电流互感器的基本结构和原理与变压器原理相似。它由一次绕组、铁芯、二次绕组组成。其结构特点是：(1) 一次绕组匝数少，二次绕组匝数多。例如芯柱式的一次绕组为一个穿过铁

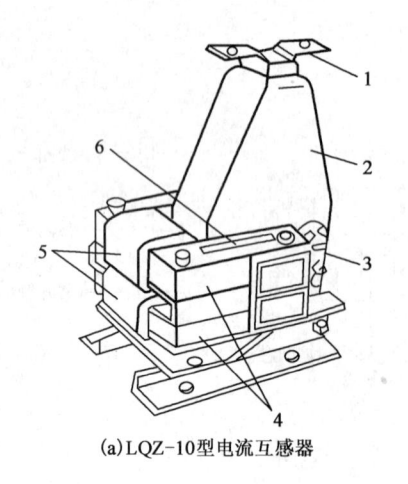

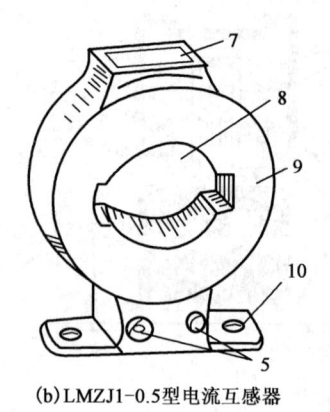

(a) LQZ-10型电流互感器　　　　　(b) LMZJ1-0.5型电流互感器

图 4-5　电流互感器

1——次结线端;2——次绕组;3,11——次结线端;4,9—铁芯;5——次绕组;6—警示牌;
7—铭牌;8——次母线穿孔;10—安装板

芯的直导线;母线式的电流互感器本身没有一次绕组,利用穿过其铁芯的一次电路作为一次绕组(相当于1匝)。(2)一次绕组导体较粗,二次绕组导体细。二次绕组的额定电流一般为5A或1A。(3)电流互感器的一次绕组串接在一次电路中,二次绕组与仪表、继电器电流线圈串联,形成闭合回路。由于这些电流线圈阻抗很小,工作时电流互感器的二次回路接近短路状态。

电流互感器的变流比用 K_i 表示,则

$$K_i = \frac{I_{1N}}{I_{2N}} \approx \frac{N_1}{N_2} \qquad (4-2)$$

式中　I_{1N},I_{2N}——电流互感器一次侧和二次侧的额定电流,A;

　　　N_1,N_2——互感器一次和二次绕组匝数。

电流互感器变流比一般表示成 100/5A 的形式。

电流互感器的使用时,应注意以下事项:

(1)电流互感器在工作时二次侧不得开路。如果开路,二次侧可能会感应出危险的高电压,危及人身和设备安全;同时,互感器铁芯会由于磁通剧增而过热,产生剩磁,导致互感器准确度的降低。因此,电流互感器二次侧不允许开路。因此要求在安装时,二次结线必须可靠、牢固,决不允许在二次回路中接入开关或熔断器。

(2)电流互感器二次侧有一端必须接地。这是为了防止一、二次绕组间绝缘击穿时,一次侧高电压窜入二次侧,危及设备和人身安全。

(3)电流互感器在结线时,要注意其端子的极性。电流互感器的一、二次侧绕组端子分别用 P1、P2 和 S1、S2 表示,对应的 P1 和 S1,P2 和 S2 为用"减极性"法规定的"同名端",又称"同极性端"(因其在同一瞬间,同名端同为高电平或低电平)。

4)变频器及其制动单元

变频器是一种能够将交流工频电源转换成电压、频率均可变的适合交流电动机调速的电力电子变换装置,英文简称 VVVF(Variable Voltage Variable Frequency)。

根据变频器主电路不同分为两大类:电压型和电流型。电压型变频器是将电压源的直流

变换为交流的变频器,其滤波电路时电容滤波。目前,没有特殊要求的电动机调速普遍采用电压型。电流型变频器是将电流源的直流变换为交流的变频器,其滤波采用电感滤波,主要用于电动机快速响应,要求快速制动转矩的场合。

变频调速与其他交流调速比较具有以下显著特点:
(1)平滑软启动,降低启动冲击电流,减少变压器占有量,确保电动机安全;
(2)在机械允许的情况下,可通过提高变频器的输出频率提高工作速度;
(3)无级调速,调速精度大大提高;
(4)电动机正反向无须通过接触器切换;
(5)非常方便接入通信网络控制,实现生产自动化控制。

英威腾变频器具有功能完善、操作简单、运行可靠、性价比高的特点,成为油田油气生产信息化建设过程中的首选品牌。目前,油田广泛采用的是 Goodrive200 系列变频器。图 4-6 是英威腾变频器外形、制动电阻和制动单元示意图。

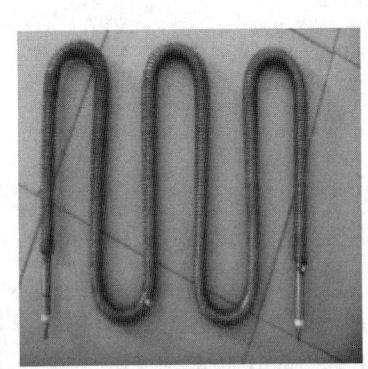

图 4-6 英威腾变频器外形、制动电阻和制动单元

变频器刹车时,由于负载惯性大,刹车时抽油机电动机处于倒发电工作状态,使变频器直流母线电压升高,从而造成过电压,为不影响变频器的正常工作,变频器必须配置制动电阻或制动单元。30kW 以下英威腾变频器只配置制动电阻,37kW 以上变频器还需配置制动单元。

制动电阻的选择:
(1)阻值 R 计算:

$$R = \frac{700}{P} \tag{4-3}$$

式中 P——抽油机电动机的额定功率,kW。

(2)电阻功率:

$$P_R = P \cdot K_f \tag{4-4}$$

式中 P_R——制动电阻消耗功率,kW;

K_f——制动频度系数,对抽油机来讲取 10%～20%,离心泵取 5%～20%。

对于 37kW 以上的英威腾变频器,在要求频繁启停、快速制动或位能负载(高原机)等场合,除制动电阻外,还需外配制动单元。制动单元可以根据有关说明书,合理配置。

5）多功能电表

多功能电表实现对抽油机电动机电参数采集（电流、电压、功率及电能等）、电动机保护以及数据通信等。多功能电表外形面板如图4-7所示。

多功能电表的主要功能：

(1)测量功能——sys-1：三相相电压、三相线电压、零序电压、电压不平衡度、三相电流、零序电流、电流不平衡度无功功率、有功功率、正反双向有功、无功电能、频率（A相）、功率因数。

(2)其他功能——sys-2：1路RS-485通信接口（Modbus RTU通信协议）；2路开关量状态输入（装置内部提供DC24V直流电源）；2路继电器控制输出；1路可编程电能脉冲输出；LED数码显示。

(3)保护功能——sys-3：过流保护、过电压保护、欠电压保护、缺相保护、不平衡保护、零序过流保护、零序电压保护。

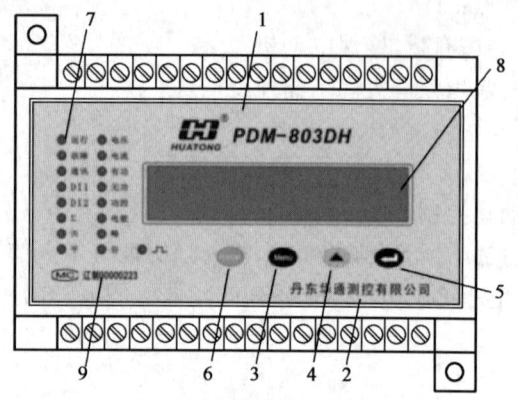

图4-7 多功能电表外形面板
1—面板；2—接线端子；3—Menu键，界面，参数切换；4—▲键，子界面切换，参数修改；5—回车键，执行、确认；6—Rset键，故障保护后手动复位；7—指示灯；8—参数显示窗口

6）RTU

RTU（智能远程监控终端）是对油井实施测控的核心单元，是实现对油井生产工艺数据的实时采集、存储、报警及本地控制的智能远程终端，RTU外形如图4-8所示。

RTU与PLC比较具有以下显著特点：(1)同时提供多种通信端口和通信机制。以太网和串口通信（RS-232/RS-485）。通信协议采用Modbus RTU、Modbus ASC、Modbus TCP/IP标准协议，具有广泛的兼容性，同时通信端口具有可编程特性，支持非标准协议的通信定制。(2)提供大容量程序和数据存储空间。PLC一般只有1～13KB，而RTU可提供1～32MB。

图4-8 RTU外形图

RTU能够在特定的存储空间连续存储和记录数据，并标记时间标签。通信中断时就地记录数据，通信恢复后可补传和恢复数据。(3)高度集成、紧凑的模块化结构，低功耗，高可靠性，更适合无人值守站和室外空间安装。(4)更适应恶劣环境应用。PLC环境温度在0～55℃，相对湿度大于85%。RTU工作环境温度为：-40～60℃。

7）开关电源及隔离变压器

开关电源是将交流220V电源转换成直流24V直流电，为RTU、多功能电表提供24V直流电源，其外形如图4-9所示。

隔离变压器用于将380V交流电源电压转换成交流220V电源电压，作为开关电源的输入电压，有效隔离电磁谐波的影响，避免电磁干扰影响RTU的正常工作，隔离变压器外形如图4-10所示。

图 4-9　开关电源外形　　　图 4-10　隔离变压器外形

二、多功能抽油机控制柜原理

多功能抽油机控制柜电路由主电路和控制电路两部分组成。

1. 主电路分析

多功能抽油机控制柜主电路原理如图 4-11 所示。

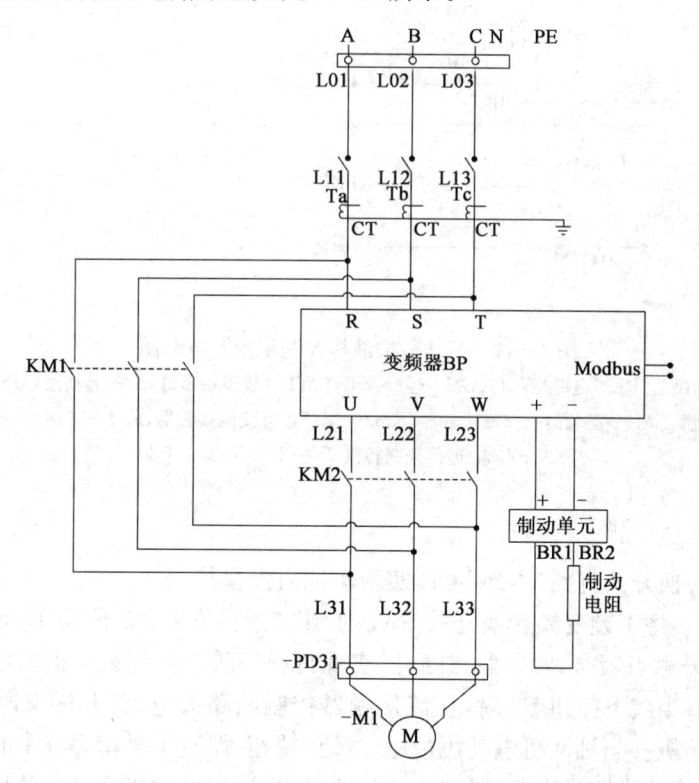

图 4-11　多功能抽油机控制柜主电路图
S1—低压断路器，控制柜主空开；KM1—工频运行交流接触器；KM2—变频运行交流接触器；CT—电流互感器；
BR1—制动单元，37kW 以上英威腾变频器必须配置制动单元；BR2—制动电阻；BP—变频器；
R，S，T—变频器输入端子；U，V，W—变频器输出端子；Modbus—变频器通信接口

主电路原理分析:三相交流电源经接线端子引入控制柜,经低压断路器与交流接触器KM1、变频器输入端子R、S、T连接,通过"工频/变频"转换开关进行运行方式转换,抽油机电动机经出线接线端子与控制柜相连接,实现抽油机电动机启停控制。变频运行时,配置制动单元或制动电阻,以便消除在抽油机下冲程时,抽油机电动机倒发电而引起过电压故障。

2.控制电路分析

多功能抽油机控制柜控制电路如图4-12所示。

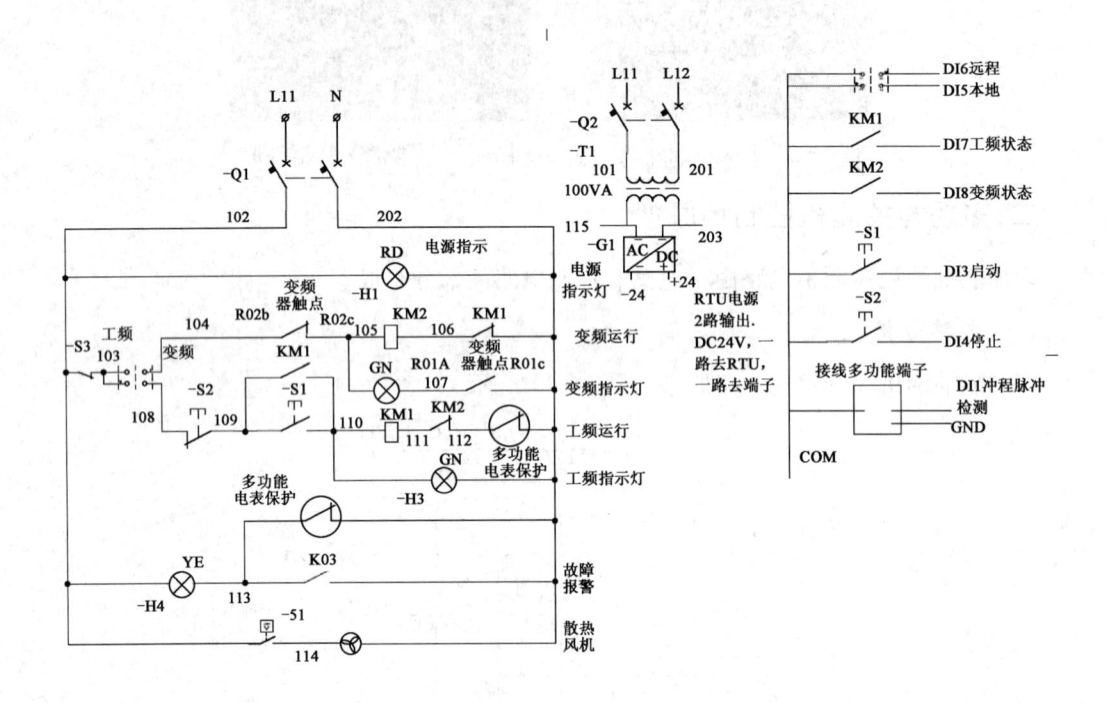

图4-12 多功能抽油机控制柜控制电路图

L1—控制电路断路器;RD—电源指示灯;GN—运行指示灯;YE—故障指示灯;S1—启动按钮;S2—停止按钮;S3—急停按钮;KM1—工频运行交流接触器;KM2—变频运行交流接触器;SA1—工频变频转换开关;SA2—本地/远程控制转换开关;T1—隔离变压器

1)本地控制原理分析

将本地远程转换开关打到"本地"可以实现本地启停操作。

(1)工频运行。将工频变频转换开关SA1打到"工频"位置,按下S1启动按钮,交流接触器KM1得电,常开触点吸合,常闭触点断开,实现自锁、互锁,工频运行指示灯亮,抽油机电动机得电,工频运行;当按下按钮S2时,交流接触器控制回路失电,常开触点断开,常闭触点闭合,主触点断开,停机。当抽油机电动机过压、过流、缺相、严重不平衡等异常时,多功能电表实施保护,多功能电表的常闭触点断开控制回路,停机;当遇到抽油机紧急异常情况时,立即按下S3急停按钮,迅速失电停机。

(2)变频运行。将变频工频转换开关转换到"变频"位置,通过RTU设置,既可以由变频器自身操作面盘(键盘)中的"RUN""STOP"控制变频器启停,也可以由控制柜面板上 S1、S2 启停按钮控制变频器的启停。当按下 S1 启动按钮,KM2 线圈得电,常开触点吸合,常闭触点断开,实现自锁、互锁,变频运行指示灯亮起,抽油机按照设定的频率运行;当按下按钮 S2,时,交流接触器 KM2 控制回路失电,常开触点断开,常闭触点闭合,主触点断开,抽油机电动机停机。变频器频率逐步下降,但冷却风扇仍工作一定时间,等完全冷却后停机。同样,当抽油机电动机过压、过流、缺相、严重不平衡等异常时,多功能电表实施保护,多功能电表的常闭触点断开控制回路,停机;当遇到抽油机紧急异常情况时,立即按下 S3 急停按钮,迅速失电停机。

2)远程控制分析

将本地远程转换开关打到"远程"可以实现远程启停操作。此时,控制柜面板上的 S1/S2 按钮失去作用,不能启停抽油机。抽油机的启停操作受生产指挥中心管控控制,实现远程开井、停井作业。

第二节 智能远程监控终端 RTU

一、RTU 概述

智能远程监控终端 RTU 是对油井实施测控的核心单元,是实现对油井生产工艺数据的实时采集、存储、报警及控制的智能远程终端。数字化油田标准化 RTU 的设计按野外环境、复杂电气环境的应用设计。

油田信息化建设采用的 RTU 的设计制造要符合油气生产信息化建设的"十统一"原则,其原理、结构、材料、指标、质保、规格、接口、图纸、价格、外观标识符合统一的技术规范。

RTU 在井场安装在电动机控制柜内,如图 4-13 所示。其外形如图 4-14 所示。

标准 RTU 通用性较强,可以满足油田各种生产工艺的油井、水源井及增压泵站的现场应用,通过 RTU 工作模式的配置可以使 RTU 具有 A—油井 RTU 模式、B—水源井 RTU 模式、C—增压泵站 RTU 模式。

图 4-13 RTU 的安装位置

油井模式下 RTU 可以接收存储油井负荷、位移、压力、温度及电压电流等数据,并通过无线网络上传到数据汇集点的服务器上。RTU 由主控模块、配套开关电源、接线端子、外置通信接收天线等组成。

RTU 的油井应用原理框图如图 4-15 所示。

二、RTU 功能特点

(1)支持 I/O 接口、RS485 现场总线接口、无线 ZigBee 网络数据采集功能;

图 4-14 RTU 的外形

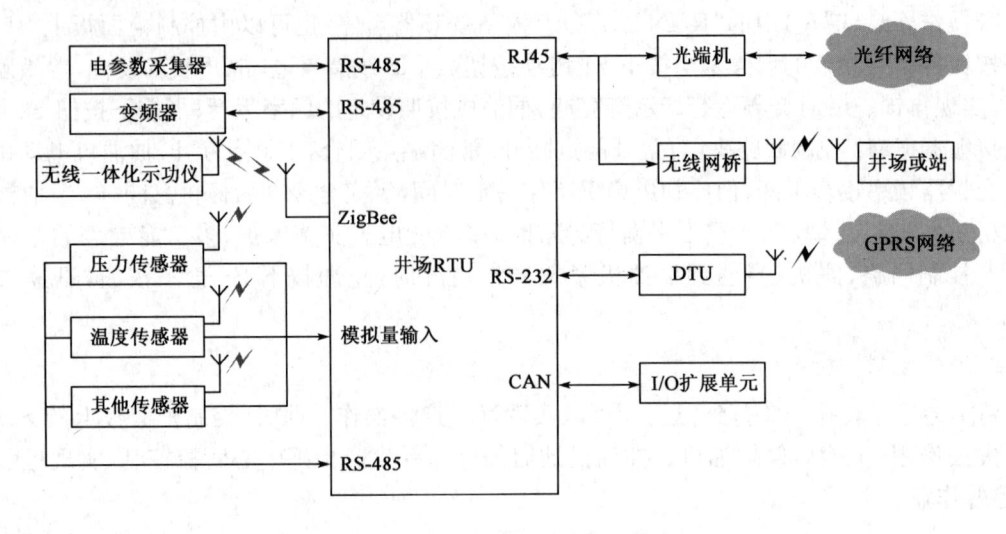

图 4-15　RTU 的油井应用模式

(2) 支持测量参数报警、网络通信故障检测、传感器故障检测、接触器故障检测等智能功能；

(3) 支持 RTU 报警数据主动上传 SCADA 系统功能；

(4) 支持无线传感器数据、智能传感器报警数据的主动上传至 RTU 功能；

(5) 支持多种示功图数据采集方式；

(6) 支持电示功图测量及辅助分析：利用电动机电气数据间接实时测量"示功图"辅助分析油井工况；

(7) 支持无线载荷传感器即时唤醒功能；

(8) RTU 支持掉电数据保持功能；

(9) 具有日历时钟并支持网络通信校时（日历时钟掉电时间保持 3 个月）；

(10) 支持上行网络中断 RTU 监测数据缓存（保存 10d）；

(11) 支持手持无线操控单元、RS232 有线接口，笔记本电脑对 RTU 的现场测控、配置、调试；

(12) 支持远程配置、修改参数功能；

(13) 内置温度测量模块，具有 PT100 温度接口，实时监测环境温度。

三、RTU 工作状态监测

RTU 外观及端子如图 4-16 所示。

RTU 上有多个指示灯，便于操作人员清晰了解 RTU 工作状态。指示灯分为工作状态指示灯、通信指示灯、DI 与 DO 状态指示灯，其中故障指示灯为红色，其余指示灯均为黄色。

1. 工作状态指示灯

工作状态指示灯用于指示 RTU 处于的状态，包括运行、故障及调试三种状态，具体含义见表 4-1。

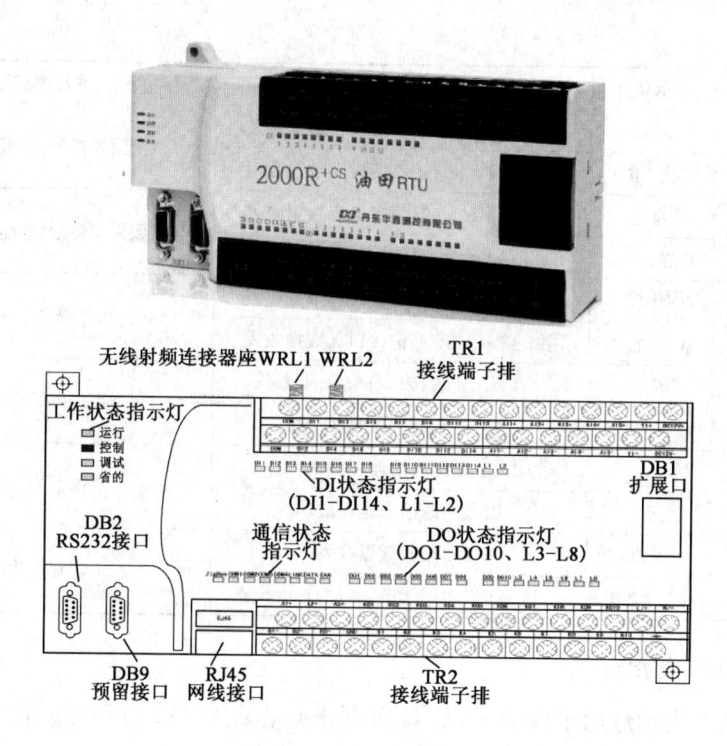

第四章　RTU与多功能抽油机控制柜

图 4-16　RTU外观及端子

表 4-1　工作状态指示灯

指示灯类型	显示状态	具体含义	油井模式下显示
运行指示灯	闪烁	RTU程序运行正常	工作正常时闪烁,有故障时常亮,电源故障时灭
	常亮/常灭	RTU程序运行异常	
故障指示灯	亮	RTU诊断到错误	故障状态时亮,工作正常时灭
	灭	RTU未诊断到错误	
调试指示灯	亮	RTU此时处于现场调试中	正常运行(非调试)灭
	灭	RTU未处于现场调试中	
备电指示灯	亮	备用电源接入	有24V备用电源时亮
	灭	备用电源未接入	

2. 通信指示灯

通信指示灯用于指示RTU各通信接口通信状态,具体含义见表4-2。

表 4-2　通信指示灯

指示灯类型	显示状态	具体含义	油井模式下显示
ZigBee通信指示灯（ZigBee）	闪烁	ZigBee有数据收发	每隔10min左右闪烁几秒表示正传示功图数据,其他时间常亮/常灭
	常亮/常灭	ZigBee无数据收发	
RS232通信指示灯（COM1）	闪烁	RS232通信接口有数据收发	调试时用,闪烁正常工作时常灭
	常亮/常灭	RS232通信接口无数据收发	

指示灯类型	显示状态	具体含义	油井模式下显示
第1路 RS485 通信指示灯(COM2)	闪烁	第1路 RS485 通信接口有数据收发	变频器控制,变频状态时闪烁
	常亮/常灭	第1路 RS485 通信接口无数据收发	
第2路 RS485 通信指示灯(COM3)	闪烁	第2路 RS485 通信接口有数据收发	电参数采集器通信,电动机工作时闪烁
	常亮/常灭	第2路 RS485 通信接口无数据收发	
第3路 RS485 通信指示灯(COM4)	闪烁	第3路 RS485 通信接口有数据收发	油井模式下不用,长灭
	常亮/常灭	第3路 RS485 通信接口无数据收发	
CAN 扩展接口通信指示灯(CAN)	闪烁	CAN 扩展接口有数据收发	油井模式下不用,长灭
	常亮/常灭	CAN 扩展接口无数据收发	
以太网通信指示灯 LINK	亮	以太网通信连接成功	正常工作时常亮
	灭	以太网通信未连接成功	
以太网通信指示灯 DATA	闪烁	以太网有数据收发	正常工作时闪烁
	常亮/常灭	以太网无数据收发	

3. DI 与 DO 状态指示灯

DI 与 DO 状态指示灯用于指示 RTU 各通道开关量输入(DI)与开关量输出(DO)状态,具体含义见表 4-3。油井工作模式下一般不用该指示灯。

表 4-3　DI 与 DO 状态指示灯

指示灯类型	显示状态	具体含义	油井模式下显示
DI 状态指示灯(DI1-DI14)	亮	对应 DI1-DI14 通道输入逻辑 1	下死点时 D1 亮,按停止按钮时 D3 亮,按启动按钮时 D5 亮,变频状态 D7 亮,工频状态 D9 亮,其他长灭
	灭	对应 DI1-DI14 通道输入逻辑 0	
DO 状态指示灯(DO1-DO10)	亮	对应通道输出逻辑 1	RTU 故障输出时 DO3 亮,其他长灭
	灭	对应通道输出逻辑 0	

四、RTU 接线

1. 端子的定义

RTU 接线有 TR1 和 TR2 两个栅栏式接线端子排,每个接线端子排有上下两层。需要成对使用的接线端子分布在上下两层相对的端子位上。每个端子的定义及油井模式下的用途如表 4-4 所示。

表 4-4　TR1 接线端子排端子定义

端子号	端子名称	端子说明	备注	油井模式接线
31～32	COM	DI 输入公共端	无源干接点,装置内部供电(DC24V)	COM—DI1、DI3、DI5、DI7、DI9、DI11
33～46	DI1—DI14	通用 DI		
11～20	AI1+、AI1-、AI5+、AI5-	1～5 路模拟量输入		AI1+—AI1-

续表

端子号	端子名称	端子说明	备注	油井模式接线
21~22	T1+、T1−	PT100输入正、负		
03~04	DC12V+、DC12V−	备用电源 DC 12V+、12V−	备用电源 DC 12V	DC12V+—DC12V−
81~86	B1−、A1+ B2−、A2+ B3−、A3+	第1~3路 RS485 的信号		B1−—A1+ B2−—A2+
87	GND	RS485 隔离地		
51~70	KO1、K1 KO10、K10	1~10路继电器输出 KO 公共端 K 输出	触点容量 5A/250V AC	KO1—K1
05	L/+	装置电源输入 L/+		L/+— N/−
06	大地	接地	AC/DC 85~265V	
07	N/−	装置电源输入 N/−		

2. 接线原理图

RTU 端子及油井模式下的接线原理如图 4-17 所示。

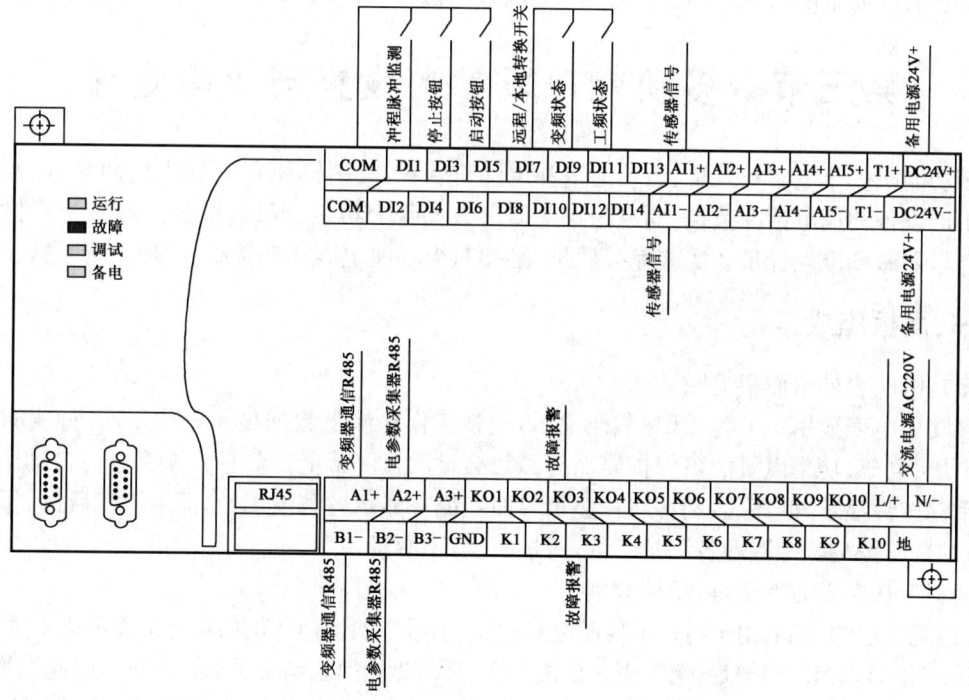

图 4-17 RTU 端子及油井模式下的接线原理

五、RTU 在油井示功图计量的配置

通过配置 RTU 的"配置信息表"相关信息，标准化 RTU 可满足油田生产的油井、水源井、增压泵站的 SCADA 系统现场应用。

标准化 RTU 作为油田单井测控的核心单元，通过配置/组态选择适当的采集/控制/通信模式,具有定时和即时采集井口传感器、油井泵示功图、电示功图及抽油机电气、电能等数据的功能,具有远程控制油井启停、变频器参数调节、油井冲次调节等控制/调参功能,具有传感器越限报警、接触器诊断、上下行网络故障报警、上行网络中断采集数据自动缓存功能。

通过 RTU 上的 RS232 接口或通过 ZigBee 无线手持操控仪配置 RTU 的"配置信息表",设置 RTU 的运行模式等工作参数。RTU 的"配置信息表"存储于 RTU 的外部 EEPROM 存储器,掉电不丢失。

以油井采用无线负荷传感器、无线 ZigBee 温度压力变送器、有线死点开关为例,说明 RTU 配置。

配置 RTU 工作模式为 A:油井 RTU 模式;

配置工况数据采集模式为 D:混合模式;

配置油井示功图采集模式为 D:无线载荷传感器 + 无线死点开关;

配置 RTU 的数据采样周期、示功图数据包点数为 200;

配置 RTU 的示功图采集间隔为 10min;

配置 RTU 与上级监控中心的通信模式为 A-,通过 RTU 的以太网接口(RJ45)网络模式;

配置 RTU 与上级监控中心的上行通信协议为 A-IEC60870-5-104 协议;

配置上行数据包帧格式:通过 RTU 的"配置信息表"构成 RTU 的上行通信数据帧。

第三节 多功能电表参数设置与故障处理

多功能电表集电参数采集、数据通信和电动机保护于一体,不仅能够实现油井、注水泵等油气生产设备的用电情况监控,而且为单井多参数预警分析、工况调整、经济运行等提供科学依据。但要做到准确计量和实施完善保护,必须对多功能电表正确接线、合理设置参数。

一、面板组成

多功能电表外形面板见图 4-8。

多功能电表显示单元为 LED 数码显示,通常工作在测量数据显示方式下,各种实时测量值如电压、电流、功率以及故障保护界面等参数会显示在屏幕上。显示方式又分为自动循环显示和手动按键显示,循环显示有效时,显示界面上循环显示各测量参数,无须人工翻阅;循环显示无效时,需按"▲"键翻看各测量参数,每按一次,便翻动一屏。

面板上从左至右四个键,功能分别为:

(1)菜单键"Menu"用于各显示界面之间切换、参数组的切换。例如在开机显示第 1 页,按一下"Menu"键显示第二组参数(第 8 页),再按一次,显示显示第三组参数(第 16 页),以此类推。

(2)增加键"▲"用于各显示子界面之间切换,修改数值。每按一次"▲"键,显示更换到下一页。

(3)回车键" ┘ "用于执行当前的菜单项功能,确认当前编辑值,修改参数时用。但修改参数时需要输入正确的密码,否则无法修改参数。正常操作情况下,严格禁止修改参数,如确需修改参数时,需要有修改权限的技术人员进行修改。

(4)复位键"REST"用于故障保护后用于手动复归。

正面面板上的多个指示灯,分别用于显示采集器状态、配合右面液晶显示器显示参数性质。

|运行|:运行状态正常时灯亮;|故障|:故障状态时灯亮;|通信|:与 RTU 通信时灯亮;|电压|:灯亮表示显示器显示的参数为电压;|电流|:灯亮表示显示器显示的参数为电流;|有功|:灯亮表示显示器显示的参数为有功功率;|无功|:灯亮表示显示器显示的参数为无功功率;|功因|:灯亮表示显示器显示的参数为功率因数;|电能|:灯亮表示显示器显示的参数为电能;|Σ|:灯亮表示显示器显示的参数为累加值;|尖|:灯亮表示显示器显示的参数为峰值参数;|平|:灯亮表示显示器显示的参数为平时参数;|峰|:灯亮表示显示器显示的参数为峰时段参数;|谷|:灯亮表示显示器显示的参数为谷时段参数。

二、技术性能

1. 测量功能(SYS-1)

三相相电压、三相线电压、零序电压、电压不平衡度、三相电流、零序电流、电流不平衡度、无功功率、有功功率、正反双向有功、无功电能、频率(A 相)、功率因数。

2、其他功能(SYS-2)

具有 1 路 RS-485 通信接口(Modbus RTU 通信协议);2 路开关量状态输入(装置内部提供 DC24V 直流电源);2 路继电器控制输出;1 路可编程电能脉冲输出;LED 数码显示等辅助功能。

3. 保护功能(SYS-3)

对抽油机电动机实施过流保护、过电压保护、欠电压保护、缺相保护、不平衡保护、零序过流保护、零序电压保护等保护功能。

三、参数设置

进入界面(密码验证):按住回车键,直到上行显示"PASS",下行显示"0——",此时可修改第 1 位的数值;按"▲"键可修改相应数值,每按一下增加 1,修改好后按回车键移到下一位,按上面修改步骤修改下几位。默认修改密码为"0000"或"5555";全部修改好后按回车键则通过密码验证,进入到参数组的设定状态界面。

进入参数界面后显示为功能参数组 1——显示参数组:

$$\boxed{5Y5.1}$$

在测量功能参数组中,主要有仪表地址、显示方式、通信波特率、接线方式、电能计量方向、密码设置等相关功能参数,一般无须修改,采用仪表默认方式即可。

长按下"menu"键进入参数组 2——运行参数设定功能组:

$$\boxed{5Y52}$$

在功能参数组 2 中,主要有电流变比设定、电压变比设定、功率量程设定、额定电压选项、电动机额定电流等。应根据抽油机电动机供电电源电压、电动机额定参数、电流互感器变比设置,否则影响电参数采集准确度或造成无法采集电参数。

再连续按下"menu"健进入参数功能组 3——保护功能参数组：

$$SYS.3$$

针对抽油机电动机的过流、过压、缺相、欠压、不平衡度等异常工况进行保护设置。本参数组内参数应根据所带负荷情况具体设置。

四、接线

多功能电表的接线图如图 4-18 所示。

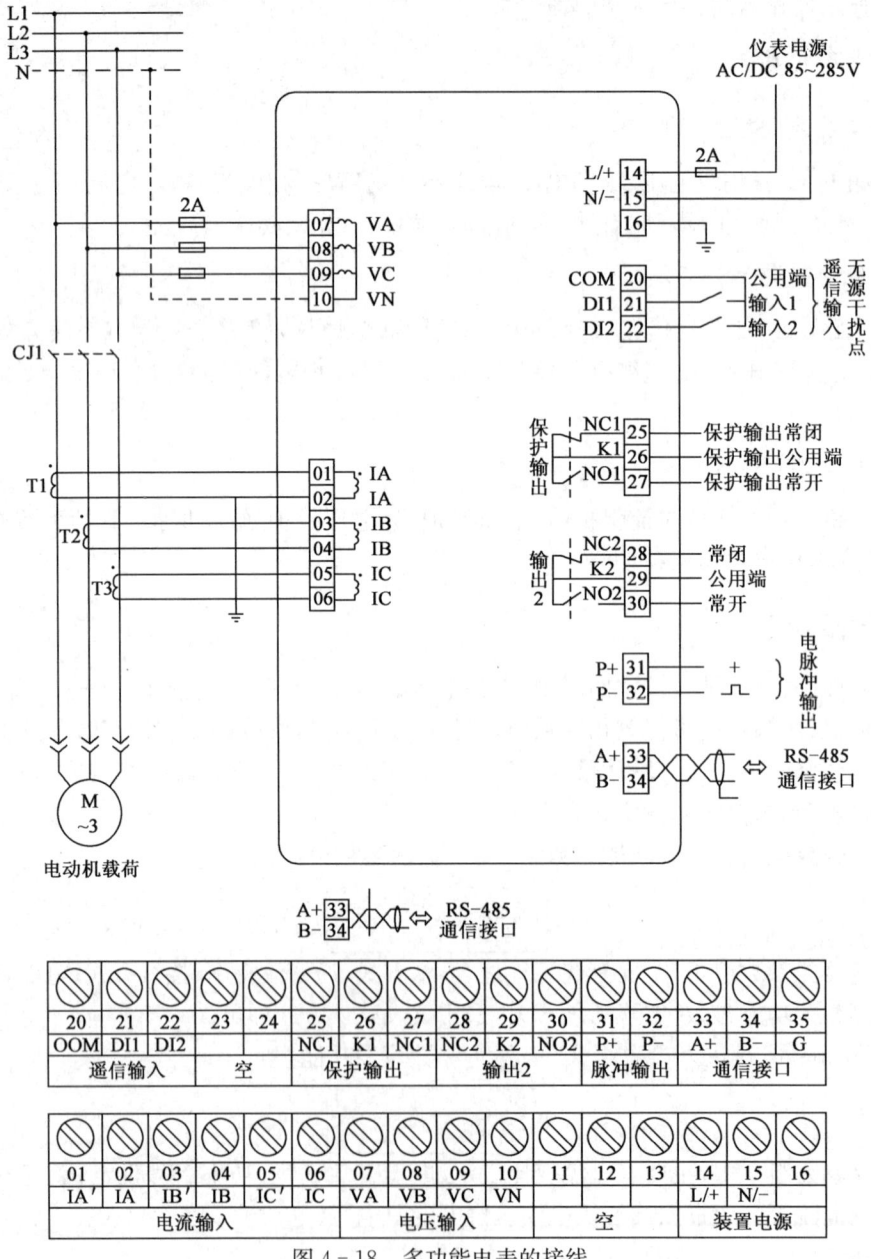

图 4-18 多功能电表的接线

多功能电表接线时要特别注意引入电表的电源相序要正确；电流、电压信号要对应，不可接错位；再者，保护输出常闭触点要串联在接触器的控制回路中；RS485 通信接口和 RTU 相连时按照端子定义连接等，否则影响电参数采集和数据通信。

五、常见故障诊断

多功能电表的常见故障大部分可以通过故障码进行判断处置：

(1) HI-I 过流保护。排除方法：①查看电动机电流是否过大；②查看多功能表 Ed-A 额定电流设置是否正确。

(2) HI-U 过压保护。排除方法：查看输入电压是否过大。

(3) LO-U 欠压保护。排除方法：①查看输入电压是否过小；②查看电缆绝缘情况。

(4) LOSt 缺相保护。排除方法：①查看输入电压三相是否缺相；②查看电缆绝缘情况。

(5) BrEAd：不平衡。排除方法：①查看三相电流是否平衡；②查看电缆绝缘情况。

(6) HI-10：零序过流。排除方法：①查看电缆绝缘情况；②电路中是否有触电或漏电情况；③查看三相电流是否平衡。

(7) HI-UO：零序过压（三相线路中一相或者两相接地）。排除方法：①查看电缆绝缘情况；②变压器中性点接地是否良好。

第四节　变频器原理、参数设置与故障处理

一、变频调速原理

变频调速器俗称变频器，是工业企业用于电动机调节转速用的一种电源频率调节设备。三相交流异步电动机的转速：

$$n = \frac{60 \times f}{p} \times (1-S) \tag{4-5}$$

式中　n——电动机转速；
　　　f——电源频率；
　　　p——磁极对数；
　　　S——转差率。

由式(4-5)可知，通过改变供电频率、电动机的磁极对数及转差率均可达到改变转速的目的。其中变频调速是一种高效广泛的电动机调速方法。

变频调速系统主要设备是提供变频电源的变频器，变频器可分成交流—直流—交流变频器和交流—交流变频器两大类，目前国内大都使用交流—直流—交流变频器。其特点：效率高，调速过程中没有附加损耗；应用范围广，可用于笼形异步电动机；调速范围大，特性硬，精度高；技术复杂，造价高，维护检修困难。

二、变频器组成

变频器由主电路、控制电路组成，如图 4-19 所示。通用变频器通常是交流—直流—交流

电压型变频器,以后所称通用变频器,就是指交流—直流—交流电压型变频器,它的主回路如图4-20所示,它是变频器的核心电路,由整流电路、直流滤波电路、限流电路、制动电路和逆变电路等部分组成。

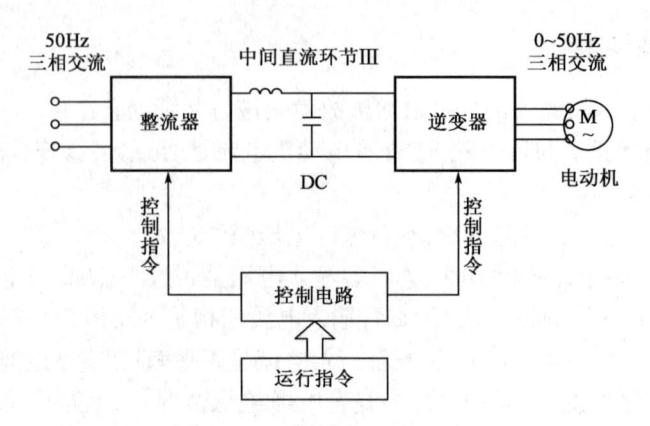

图4-19 变频器组成框图

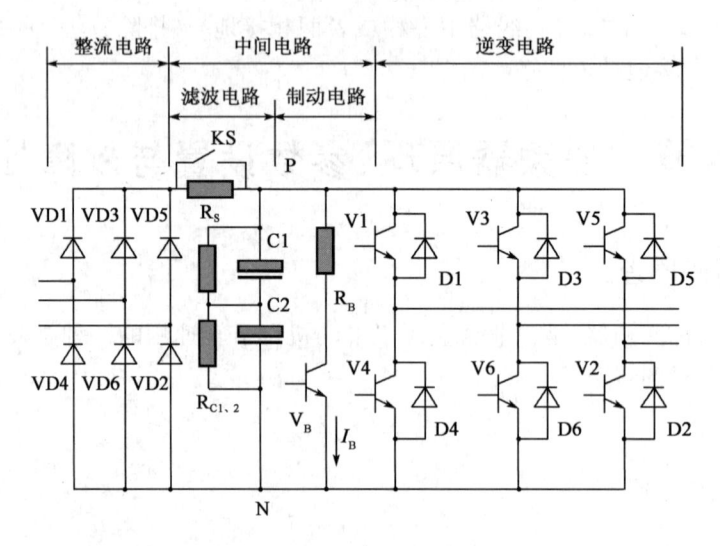

图4-20 通用变频器主电路

1. 整流电路

整流电路功能是将三相50Hz的工频电源进行整流,经后续滤波电路等直流环节后变为直流,为逆变电路和控制电路提供所需的电源。

2. 中间电路

中间电路主要包括滤波电路、限流电路、制动电路等。滤波电路是将三相整流桥输出的直流脉动电压和电流进行滤波,以便得到稳定的直流。限流电路作用是减小变频器上电的瞬间,滤波电容器的充电电流过大,冲击电流烧坏整流桥,减小对电网电压的干扰。制动电路作用是在电动机减速时将电动机反馈回来的反向自感电流消耗掉,起到加速电动机制动、保护变频器的作用。

3. 逆变电路

逆变电路的作用是在控制电路的作用下,将直流电路输出的直流电源转换成频率和电压都可以任意调节的交流电源。逆变电路是变频器的核心电路之一,起着非常重要的作用。

4. 控制电路

变频器的控制电路包括主控电路、信号检测电路、控制信号的输入、输出电路、驱动电路和保护电路几个部分组成。控制电路的主要作用是将检测电路得到的各种信号,送至中央处理器的运算电路,使运算电路能根据要求为功率主电路提供必要的驱动信号,并对变频器本身以及异步电动机提供必要的保护。控制电路还要通过 A/D、D/A 等外部接口电路,接收/发送多种形式的外部信号和系统内部工作状态,以便使变频器能够和外部设备进行各种控制。温度检测电路是检测逆变器基板温度,并向系统控制提供过热报警信号。电流检测电路检测直流回路以及变频器输出电流并输出信号,如过流、短路、缺相、对地短路信号,并向系统控制提供信号。上述检测信号与逆变电路本身的自保护功能相结合,不仅保证了通用变频器的安全、可靠运行,同时通过故障编码方式,为操作人员提供操作信息,给通用变频器的正常使用、维护和排除故障提供方便。

三、变频器结构与接线

1. 结构

变频器主要由前盖板、键盘、上盖板、前壳体、控制电路板、主开关器件、冷却风扇、电容器组、控制器、主回路接线端子、控制端子、主回路电缆进口等部分构成。Goodrive200 变频器结构如图 4-21 所示。

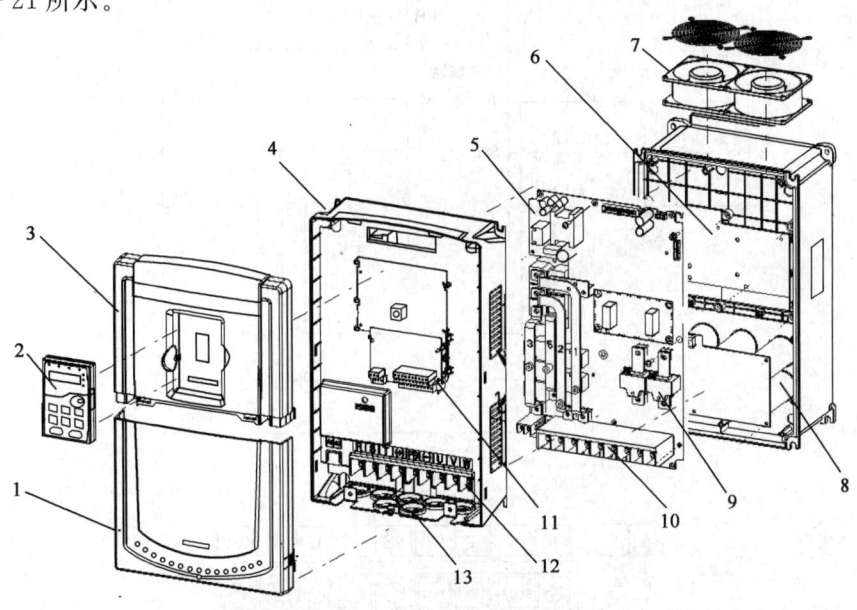

图 4-21 Goodrive200 变频器结构

1—前盖板;2—键盘;3—上盖板;4—前壳体;5—控制电路板;6—主开关器件;7—冷却风扇;
8—电容器组;9—控制器;10,12—主回路接线端子;11—控制端子;13—主回路电缆进口

2. 主回路接线图

变频器主回路接线如图 4-22 所示。主回路的外接线端子有主电源输入端子、变频器输

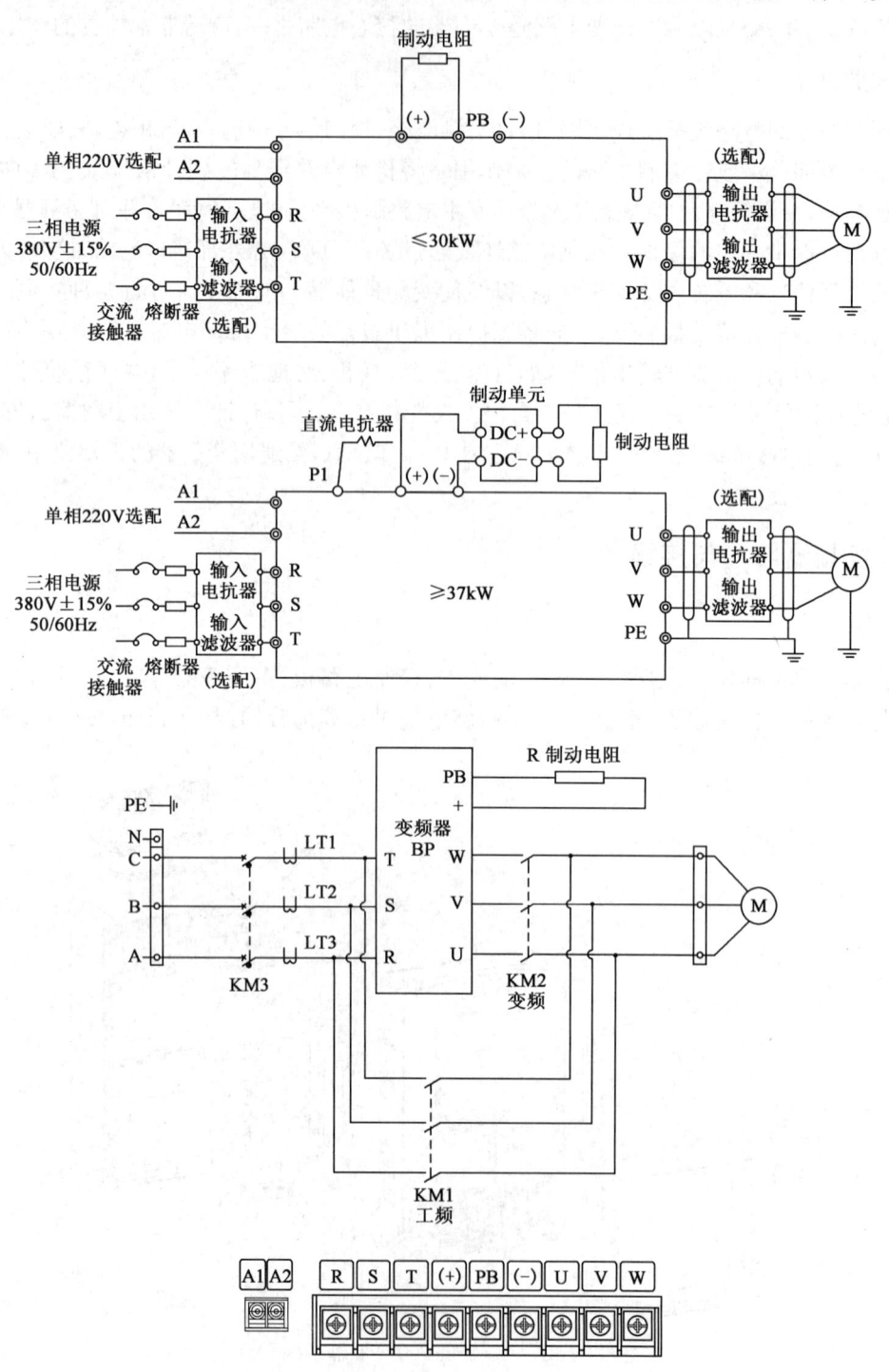

图 4-22 Goodrive200 变频器主回路接线

出端子、制动单元连接端子、外部制动电阻连接端子、控制电源辅助输入端子、变频器接地端子等。主电源通常先接入低压断路器与交流接触器后,再接入变频器的主电源输入端子,以便控制变频器的运行。变频器的输出端子直接接入异步电动机,变频器与电动机之间一般不允许接入交流接触器,以避免运行中因交流接触器动作后引起变频器故障停机。

在需要工频/变频切换时,可采用如图 4-22 所示的电路,用工频、变频两个交流接触器实现转换。

3. 外接控制电路图

通用变频器的外接控制电路主要是由如下连接端子组成:启停控制、模拟输入、模拟输出、数字输入、晶体管输出、接点输出、通信接口、频率输出、外部控制电源等端子,如图 4-23 所示。

其中,RO1(A、B、C),RO2(A、B、C)为继电器输出,A—常开,B—常闭,C—公共端。

10V 为本机提供的 +10V 电源,相对于地 GND,供外置调频电位器或其他装置供电电源。

AI1—AI3 为模拟信号输入端口,其中 AI1、AI2 输入信号为 0~10V DC、0~20mA DC(通过内部跳线切换),AI3 输入信号为 -10~10V DC。

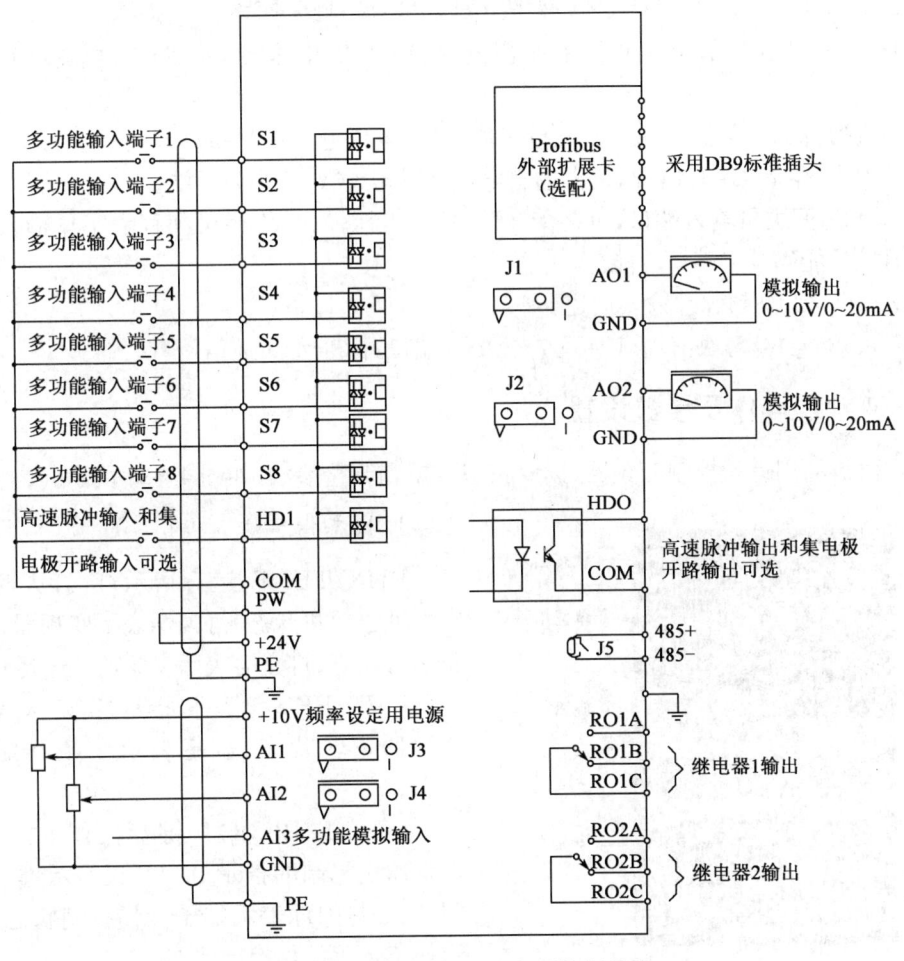

图 4-23 Goodrive200 变频器控制接线

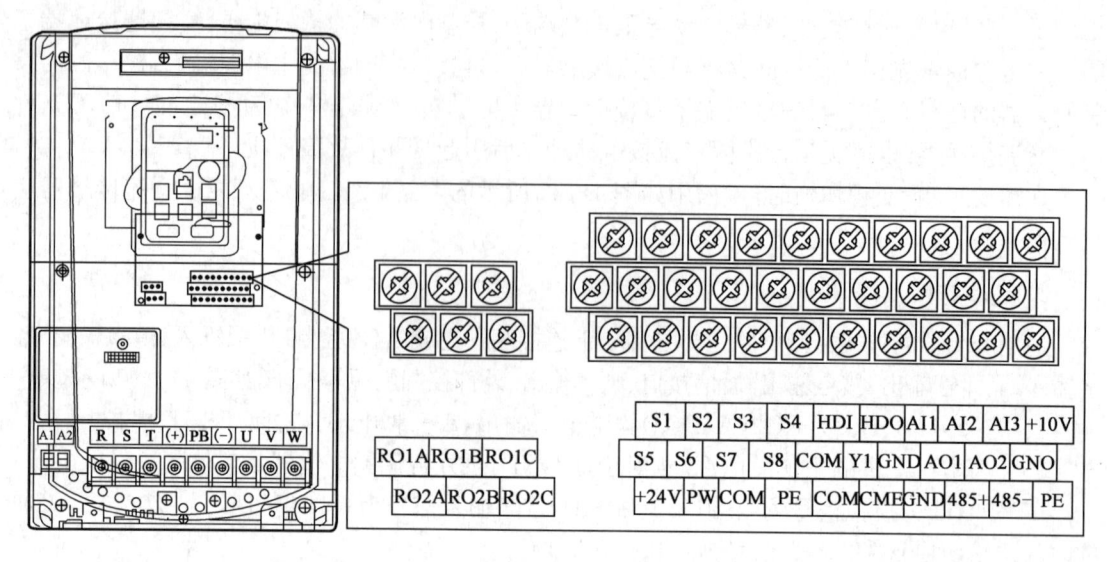

图4-23 Goodrive200变频器控制接线(续)

AO1、AO2为模拟信号输出端口,输出范围:0~10V电压或0~20mA电流(通过跳线切换)。

PW:由外部向内部提供输入开关量工作电源,电压范围:12~24V。

24V:变频器提供用户电源,最大输出电流200mA,COM为公共端。

S1—S8为开关量输入端口,可接受12~30V电压输入,均为可编程数字量输入端子,用户可以通过功能码设定端子功能。

HDI—HDO:高频脉冲输入通道。

485+、485-:485通信端口,485差分信号端口,标准485通信接口。

四、变频器操作及参数设置

操作面板的用途是控制变频器、读取状态数据和调整参数,如图4-24所示。

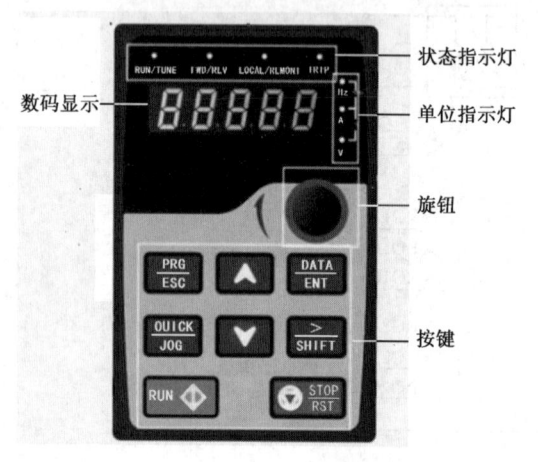

图4-24 Goodrive200变频器操作面板

1. 状态指示灯

RUN/TUNE:运行指示灯,灯灭时表示变频器处于停机状态;灯闪烁表示变频器处于参数自学习状态;灯亮时表示变频器处于运转状态。

FWD/REV:正反转指示灯,灯灭表示处于变频器正转状态;灯亮表示变频器处于反转状态。

LOCAL/REMOT:键盘操作,端子操作与远程通信控制的指示灯。灯灭表示键盘操作控制状态;灯闪烁表示端子操作控制状态;灯亮表示处于远程操作控制状态。

TRIP:故障指示灯,当变频器处于故障状态下,该灯点亮;正常状态下为熄灭;当变频器在预报警状态下,该灯闪烁。

2. 单位指示灯

单位指示灯表示键盘当前显示的单位。Hz—频率单位;RPM—转速单位;A—电流单位;%—百分数;V—电压单位。

3. 按键

[PRG/ESC] 编程键:一级菜单进入或退出,快捷参数删除。

[DATA/ENT] 确定键:逐级进入菜单画面、设定参数确认。

[▲] 递增键:数据或功能码的递增。

[▼] 递减键:数据或功能码的递减。

[SHIFT] 右移位键:在停机显示界面和运行显示界面下,可右移循环选择显示参数;在修改参数时,可以选择参数的修改位。

[RUN] 运行键:在键盘操作方式下,用于运行操作。

[STOP/RST] 停止/复位键:运行状态时,按此键可用于停止运行操作。故障报警状态时,所有控制模式都可用该键来复位操作。

[QUICK/JOG] 快捷多功能键:该键功能由功能码确定。

[●] 旋钮:作用等同于递增键/递减键。

通过上述几个按键的组合实现变频器参数的设定修改。

4. 参数修改流程

图4-25为变频器参数修改流程图,通过变频器操作面板可修改设置变频器参数。设置修改变频器参数必须由专业人员根据工艺需求进行修改,在正常生产过程中,变频器在安装调试好后,非专业人员不得随意调整。

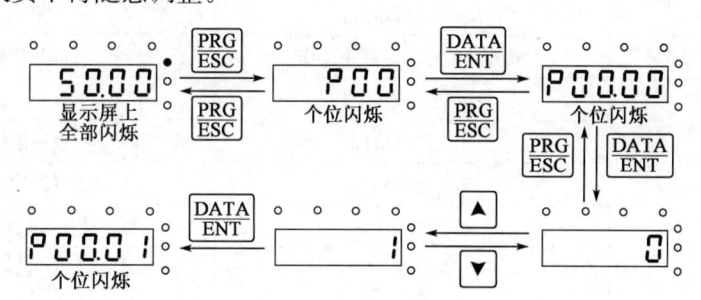

图4-25 参数修改流程

5. 英威腾变频器功能参数

英威腾 Goodrive200 系列变频器的功能参数,按功能组有 P00—P29 共30组,其中 P18—O23、P25—P28 为保留。每个功能组包括若干功能码。

功能码采用三级菜单表示。为了便于功能码的设定,在使用键盘操作时,功能组号对应一级菜单,功能码号对应二级菜单,功能码参数对应三级菜单。

变频器参数设置应根据生产实际工艺要求、电动机运行方式和参数、控制方式等合理设置。

五、变频器常见故障代码及原因分析

近80%变频器故障可以通过显示的故障代码查找并判明原因,因此,熟悉变频器的故障代码及其原因对于提高变频器的效能具有重要作用。表4-5是英威腾变频器故障代码及故障排除一览表。

表4-5 英威腾变频器故障代码及故障排除一览表

故障代码	故障类型	故障原因	故障排除方法
UV	母线欠压故障	电网电压偏低	检查电网输入电压
OL1	电动机过载	电网电压偏低	检查电网电压
		电动机额定电流设置不正确	重新设置电动机额定电流
		电动机堵转或负载突变	检查负载,调节转矩提升量
OL2	变频器过载	加速过快	增大加减速时间
		对旋转中的电动机再启动	避免停机再启动
		电网电压偏低	检查电网电压
		负载过大	选择功率较大的变频器
		大马拉小车	选择合适电动机
SPI	输入侧缺相	输入侧R、S、T有缺相或波动大	检查电网电压
			检查安装配线
SPO	输出侧缺相	输出侧U、V、W缺相或负载三相严重不平衡	检查输出配线
			检查电动机或电缆
OH1	整流块过热	风道堵塞或冷却风扇损坏	检查风扇、风道
OH2	逆变块过热	环境温度过高	降低环境温度
		长时间过载运行	
EF	外部故障	SI外部故障输入端子动作	检查外部设备
CE	485通信故障	波特率设置不当	设置合适的波特率
		通信线路故障	检查通信接口配线
		通信地址错误	设置正确通信地址
		通信受到干扰	更换或更改配线,提高抗扰性
ItE	电流检测故障	控制线连接不良	检查连接器,重新插线
		霍尔元件损坏	更换霍尔元件
		放大电路异常	更换主板
tE	电动机自学习故障	电动机与变频器容量不匹配	更换变频器型号
		电动机参数设置不当	正确设置电动机类型、铭牌参数
		自学习参数与标准参数偏差大	使电动机空载,重新自学习
		自学习超时	检查上限频率是否大于额定频率的2/3

续表

故障代码	故障类型	故障原因	故障排除方法
EEP	EEPROM 操作故障	控制参数读写发生错误	复位
		EEPROM 损坏	更换主板
PIDE	PID 反馈断线故障	反馈断线	检查 PID 反馈信号线
		反馈源消失	检查 PID 反馈源
bcE	制动单元故障	制动线路故障或制动管损坏	检查制动单元,更换制动管
		外接制动电阻偏小	增大制动电阻
END	运行时间到达	变频器实际运行时间大于内部设定时间	调节设定运行时间
OL3	电子过载故障	变频器按照设定进行过载预警	检查负载和过载预警点
PCE	键盘通信错误	键盘线接触不良	检查键盘接线
		键盘线太长,受到干扰	检查环境,排除干扰源
		键盘或通信电路故障	更换硬件
UPE	参数上传错误	键盘线接触不良	检查键盘接线
		键盘线太长,受到干扰	检查环境,排除干扰源
		键盘或通信电路故障	更换硬件
DNE	参数下载错误	键盘线接触不良	检查键盘接线
		键盘线太长,受到干扰	检查环境,排除干扰源
		键盘或通信电路故障	更换硬件
ETH1	对地短路故障 1	变频器输出与地短接	检查电极接线是否正常
		电流检测电路故障	更换霍尔元件
			更换主控板
ETH2	对地短路故障 2	变频器输出与地短接	检查电极接线是否正常
		电流检测电路故障	更换霍尔器件
			更换主控板
LL	电子欠压故障	变频器按照设定值进行欠载预警	检查负载和欠载预警点

第五节　多功能抽油机控制柜操作与维护

一、开机前的准备工作

穿戴好劳保用品,戴上绝缘安全手套;用试电笔检测外壳是否漏电,确保安全后打开多功能抽油机控制柜。用试电笔验电,用万用表检查三相电源线电压或相电压的大小,查看电源平衡情况,有无缺相等。若正常,进入下一步。

二、本地启停抽油机操作

(1)准备工作。验电笔测试柜体是否漏电,检查三相电源是否正常。

(2)合闸(合空气开关)送电。三相电源经检查正常后,闭合 RTU 控制单元控制开关,此时 RTU、多功能电表自检,指示灯亮。查看 RTU 状态指示灯是否正常。

闭合控制柜中间部位的电源总开关(空气开关),闭合控制回路空气开关,合上后控制面板左上角的指示灯点亮,此时控制柜得电,工频运行交流接触器和变频器 R、S、T 输入端子得电。

(3)工频启停控制。

将控制面板上的"本地/远程"旋钮打到本地状态,"工频/变频"旋钮打到工频状态,此时控制面板上方的工频指示灯点亮;按下控制面板上的启动按钮,电动机开始工频运行,控制面板上的运行指示灯点亮;按下停止按钮,电动机停止运行;也可以按下急停按钮或者直接把总电源开关断开都可以让电动机停转。

(4)变频启停控制。

将控制面板上的"本地/远程"旋钮打到本地状态,"工频/变频"旋钮打到工频变频状态,此时控制面板上方的变频指示灯点亮;按下控制面板上的启动按钮,电动机开始变频运行,控制面板上的运行指示灯点亮;按下停止按钮,电动机停止运行。

(5)若出现异常或严重故障,立即按下急停按钮或者直接把总电源开关断开都可以让电动机停转。

三、远程启停抽油机操作

1. 远程启动抽油机操作

(1)准备工作。穿戴好劳保用品,做好风险源辨识及环境因素评价并制定风险削减措施,熟悉操作内容和操作步骤,明确监护措施,由生产指挥中心发起并由专业管控岗进行远程操作。

(2)开井前准备。

①确认管线无堵塞,对稠油井、长期停产井及开井困难井要预先用热流体或降黏流体洗井和扫线。

②确保流程处于生产状态。

(3)开井前的检查。

①专业管控岗确认达到开井条件后,利用生产指挥信息平台及监控系统进行检查,确认抽油机设备完好,电气设备正常,确认环境及现场设备安全。

②专业管控岗利用生产指挥系统检查井口设备、地面设施、工艺流程、仪表是否齐全完好,有无渗漏。

(4)开井前资料录取。

专业管控岗观察并记录单井生产数据,截屏并保存为"×管理区×井×年×月×日开井前截图"。

(5)远程开井操作。

①专业管控岗通过单井运行监控界面,单击"启停"按钮,确认启动油井的井号,单击倒计时"确认"按钮。

②单击"预置启",若弹出"重新登录"窗口,则单击"确认"后输入用户名与口令,然后单击"预置启",执行成功后单击"执行启"。

③通过生产指挥系统观察开井过程,如出现异常,根据技术管理室的技术方案采取处置措施。

(6)开井后检查。

在单井运行监控界面,专业管控岗确认单井生产数据正常,通过生产指挥系统确认设备运转显示正常,并将单井监控界面截图,保存在相应位置,并命名为"×管理区井×年×月×日×开井后截图"。

2.远程停井操作

(1)准备工作。正确穿戴好劳保用品,风险识别,熟悉操作内容和操作步骤,明确监护措施。

(2)关井前检查。

①专业管控岗确认达到关井条件后,利用生产指挥信息平台及监控系统进行检查,确认设备完好,电气设备正常,确认环境及现场设备安全。

②参数确认。专业管控岗调出该井运行监控界面,确认单井生产数据正常,油井平衡状况良好(90%~100%),并截图保存相应位置,命名为"×管理区×井×年×月×日关井后截图"。

(3)停井操作。

①执行停井操作,并通过视频监控观察停井过程,并观察参数变化,确认单井是否正常停井。

②注意事项。油井关井根据油井工况选择油井停井位置:正常生产井将悬绳器停在上冲程1/3~1/2之间;出砂井将悬绳器停在上死点;气量大、油稠、结蜡井将悬绳器停在下死点;对于停井位置有严格要求的井,专业化班站应在现场配合管井。

(4)现场维护。根据油井实际情况,进行平衡调整、机油更换等维护工作。

四、远程调参操作

(1)安全确认。专业管控岗确认达到调参条件后,利用生产指挥平台及监控系统进行检查,确认抽油机设备完好、电气设备正常,确认环境及现场安全。

(2)参数确认。专业管控岗调出该井运行监控界面,确认单井生产数据正常,并截图保存相应位置,命名为"×管理区×井×年×月×日调参前截图"。

(3)调整参数。专业管控岗执行具体操作,截图保存在相应位置,并命名为"×管理区×井×年×月×日调参后截图"。

(4)生产参数检查。专业管控岗调参后对单井生产数据进行检查,确认是否处于正常范围内,并截图保存。

五、日常检查与维护

1. 断路器日常检查与保养

(1)用500V摇表测量绝缘电阻,应不低于10MΩ,否则应烘干处理;
(2)清除灭弧罩内的碳化物或金属颗粒,如果灭弧罩破裂,则应更换;
(3)断路器在闭合和断开过程中,其可动部分与灭弧室的零件应无卡阻现象;
(4)在使用过程中发现铁芯有特异噪声时,应清洁其工作表面;
(5)各传动机构应注入润滑油;
(6)检查主触头表面有小的金属颗粒时,应将其清除,但不能修锉,只能轻轻擦拭;
(7)检查手动(3次)、电动(3次)闭合与断开是否可靠,否则应修复;
(8)检查分励脱扣、欠压脱扣、热式脱扣是否可靠,否则应修复;
(9)检查接头处有无过热或烧伤痕迹,如有则修复并拧紧;
(10)检查接地线有无松脱或锈蚀,如有则除锈处理并拧紧。

2. 交流接触器日常检查与维护

交流接触器长期运行,常常出现表面积炭、触电熔焊、机械卡阻等故障,应多观察并及时消除。因此,交流接触器日常保养内容主要有:
(1)清除接触表面的污垢,尤其是进线端相间的污垢;
(2)清除灭弧罩内的炭化物和金属颗粒;
(3)清除触头表面及四周的污物,但不要修锉触头,烧蚀严重不能正常工作的触头应更换;
(4)清洁铁芯表面的油污及脏物;
(5)拧紧所有紧固件。

需要特别说明的是,上述保养内容应在确保断电的情况下工作,严禁带电作业,确保安全。

3. 变频器日常检查和维护

变频器运行过程中,可以从设备外部目视检查运行状况有无异常,通常检查如下内容:技术数据是否满足要求;周围环境是否符合要求;触摸面板有无异常情况;有无异常声音、异常振动、异常气味;有无过热的迹象。

变频器的日常维护的工作内容有:(1)安装地点的环境是否有异常;(2)冷却系统是否正常;(3)变频器、电动机、变压器、电抗器等是否过热、变色或有异味;(4)变频器和电动机是否有异常振动以及异常声音;(5)主电路电压是否三相平衡,电压是否正常,控制电路电压是否正常;(6)导线连接是否牢固可靠;(7)滤波电容器是否有异味;(8)各种显示是否正常。

变频器的定期维护有一般检查和定期维护。一般检查应1年进行1次,绝缘电阻检查可以3年进行1次。定期维护必须放在暂时停产期间,在变频器停机后进行。但必须注意,即使切断了电源,主电路直流部分滤波电容器放电也需要时间,须待充电指示灯熄灭后,用万用表等确认直流电压已降到安全电压(DC25V)以下,然后进行检查。

定期维护的重点应放在变频器运行时无法检查的部位,主要包括:

(1)检查有关紧固件是否松动,并进行必要的紧固。

(2)清扫冷却系统的积尘。清扫空气过滤器,同时检查冷却系统是否正常。

(3)检查绝缘电阻是否在允许范围内。注意不要使用绝缘电阻表测试控制电路的绝缘电阻。

(4)导体绝缘物是否有腐蚀、过热的痕迹、变色或破损。

(5)确认保护电路的动作。

(6)检查冷却风扇、滤波电容器、接触器等的工作情况。

(7)确认控制电压的正确性,进行顺序保护动作实验,确认保护、显示回路有无异常。

(8)检查端子排是否有损伤,继电器触点是否粗糙。

(9)确认变频器在单体运行时的输出电压的平衡度。

变频器维护时的应特别注意以下几个方面,以免损坏变频器:

(1)操作者必须熟悉变频器的基本原理、功能特点、指标等,并具有变频器运行经验。

(2)操作前必须切断电源,注意主电路电容器是否充分放电,确认放电完成后才可以继续下一步作业;电源指示灯熄灭后再行作业。

(3)测量仪表的选择应符合制造商的要求。

(4)在出厂前,生产厂家都已对变频器进行了初始设定,一般不能任意改变这些设定。在改变了初始设定后又希望恢复初始设定值时,一般需进行初始化操作。

(5)不能用手直接触摸电路板。在新型变频器的控制电路中使用了许多CMOS芯片,用手指直接接触电路板会使芯片因静电作用而损坏。

(6)在通电状态下不允许进行改变接线或拔插连接件等操作。

(7)在变频器工作过程中不允许对电路信号进行检查。连接测量仪表时出现的噪声以及误操作可能引起变频器故障。

(8)当变频器故障而无故障显示时,注意不能再轻易通电,以免引起更大的故障。这时应断电做电阻特性参数测试,初步查找故障原因。

变频器由多种部件组装而成,某些部件经长期使用后性能降低、劣化,这是故障发生的主要原因。为了安全生产,某些部件必须及时更换。日常检查过程中,需定期更换的零部件有:

(1)更换冷却风扇。冷却风扇的寿命受限于轴承,当变频器连续运行时,2~3年更换1次风扇或轴承。

(2)更换滤波电容器。中间直流回路使用的是大容量电解电容器,由于受脉冲电流等因素影响,其性能会逐渐劣化。一般情况下,使用周期约为5年,检查周期最长为1年,接近寿命期时最好在半年以内。

(3)定时器在使用数年后,动作时间会有很大变化,在检查动作时间之后应考虑是否进行更换;继电器和接触器经过长期使用会发生接触不良现象,应根据触点寿命进行更换。

(4)熔断器在正常使用条件下,寿命约为10年。

第六节　多功能抽油机控制柜故障诊断

一、交流接触器故障及处理

交流接触器常见故障及处理方法,如表4-6所示。

表4-6　交流接触器常见故障及处理方法

故障现象	故障原因	处理方法
不动或动作不可靠	电源电压过低或波动过大	调高电源电压
	操作回路电源容量不足或发生断线、接线错误及控制触头接触不良	增加电源容量,纠正接线,修理控制触头
	控制电源电压与线圈电压不符	更换线圈
	产品本身受损(如线圈断线或烧毁,机械可动部分被卡住,转轴生锈或歪斜等)	更换线圈,排除卡住故障,修理受损零件
	触头弹簧压力与超程过大	按要求调整触头参数
	电源离接触器太远,连接导线太细	更换较粗的连接导线
不释放或释放缓慢	触头弹簧压力过小	调整触头参数
	触头熔焊	排除熔焊故障,修理或更换触头
	机械可动部分被卡住,转轴生锈或歪斜	排除卡住现象,修理受损零件
	反力弹簧损坏	更换反力弹簧
	铁芯极面有油污或尘埃	清理铁芯极面
	E形铁芯,当寿命终了时,因为去磁气隙消失,剩磁增大,使铁芯不释放	更换铁芯
交流接触器线圈过热或烧损	电源电压过高或过低	调整电源电压
	线圈技术参数(如额定电压、频率、负载因数及适用工作制等)与实际使用条件不符	调换线圈或接触器
	操作频率过高	选择其他合适的接触器
	线圈制造不良或由于机械损伤、绝缘损坏等	更换线圈,排除引起线圈机械损伤的故障
	使用环境条件特殊:如空气潮湿、含有腐蚀性气体或环境温度过高	采用特殊设计的线圈
	运动部分卡住	排除卡住现象
	交流铁芯极面不平或去磁气隙过大	清除极面或调换铁芯
	交流接触器派生直流操作的双线圈,因常闭联锁触头熔焊不释放而使线圈过热	调整联锁触头参数及更换烧坏线圈

续表

故障现象	故障原因	处理方法
电磁铁(交流)噪声大	电源电压过低	提高操作回路电压
	触头弹簧压力过大	调整触头弹簧压力
	磁系统歪斜或机械上卡住,使铁芯不能吸平	排除机械卡住故障
	极面生锈或因异物(如油垢、尘埃)粘附铁芯极面	清理铁芯极面
	短路环断裂	调换铁芯或短路环
	铁芯极面磨损过度而不平	更换铁芯
触头熔焊	操作频率过高或产品超负荷使用	调换合适的接触器
	负载侧短路	排除短路故障,更换触头
	触头弹簧压力过小	调整触头弹簧压力
	触头表面有金属颗粒突起或有异物	清理触头表面
	操作回路电压过低或机械上卡住,致使吸合过程中有停滞现象,触头停顿在刚接触的位置上	提高操作电源电压,排除机械卡住故障,使接触器吸合可靠
8h工作制触头过热或灼伤	触头弹簧压力过小	调高触头弹簧压力
	触头上有油污,或表面高低不平,金属颗粒突出	清理触头表面
	环境温度过高或使用在密闭的控制箱中	接触器降压使用
	铜触头用于长期工作制	接触器降压使用
	触头的超程太小	调整触头超程或更换触头
短时内触头过度磨损	接触器选用欠妥,在以下场合时容量不足:(1)反接制动;(2)有较多密接操作;(3)操作频率过高	接触器降容使用或改用适于繁重任务的接触器
	三相触头不同时接触	调整至触头同时接触
	负载侧短路	排除短路故障,更换触头
	接触器不能可靠吸合	见动作不可靠处理办法
相间短路	可逆转换的接触器联锁不可靠,由于误动作,致使两台接触器同时投入运行而造成相间短路,或因接触器动作过快,转换时间短,在转换过程中发生电弧短路	检查电气联锁与机械联锁;在控制线路上加中间环节延长可逆转换时间
	尘埃堆积或粘有水气、油垢,使绝缘变坏	经常清理,保持清洁
	产品零部件损坏(如灭弧罩碎裂)	更换损坏零部件

二、故障跟踪及分析方法

1. 电动机不转故障检查

图4-26是电动机不转故障检查流程图。

图4-26 电动机不转故障检查流程

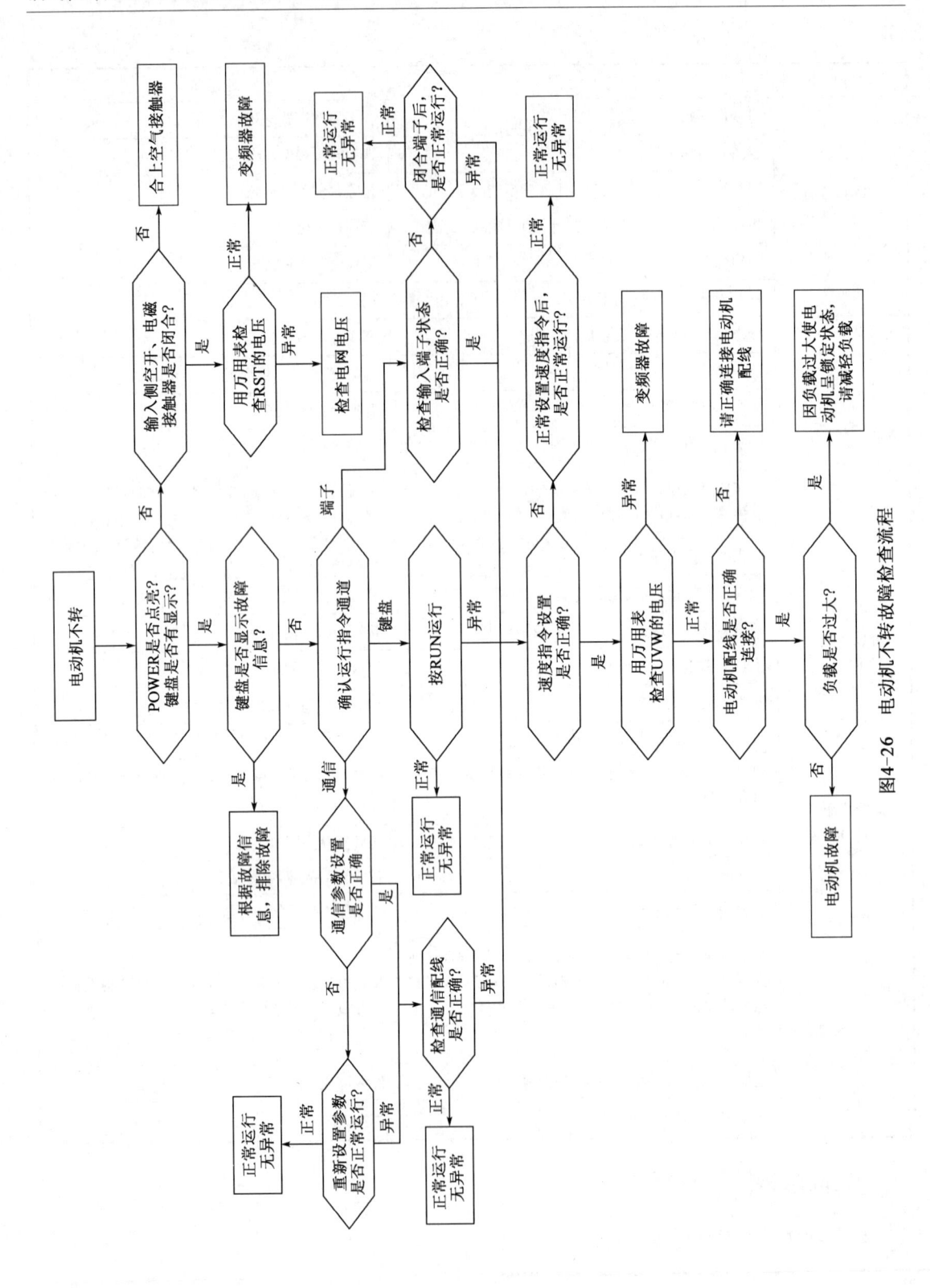

2. 电动机振动异响故障检查

图 4-27 是电动机振动异响故障检查流程图。

3. 电动机异常发热故障检查

图 4-28 是电动机异常发热故障检查流程图。

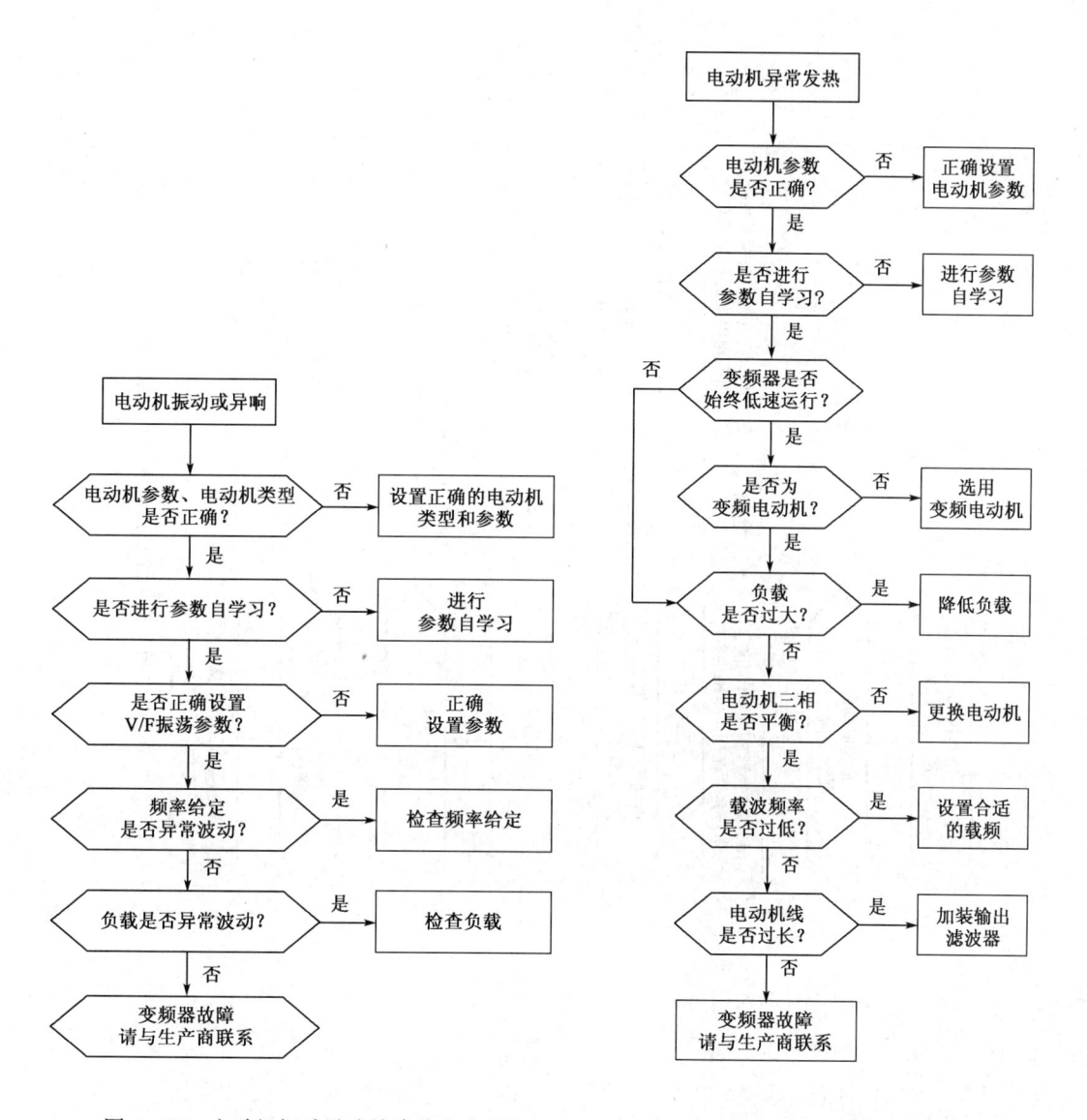

图 4-27 电动机振动异响故障检查流程

图 4-28 电动机异常发热故障检查流程

4. 电动机加速过程失速故障检查

图 4-29 是电动机加速过程失速故障检查流程图。其中过电流检查流程见图 4-30。

图4-29 电动机加速过程失速故障检查流程

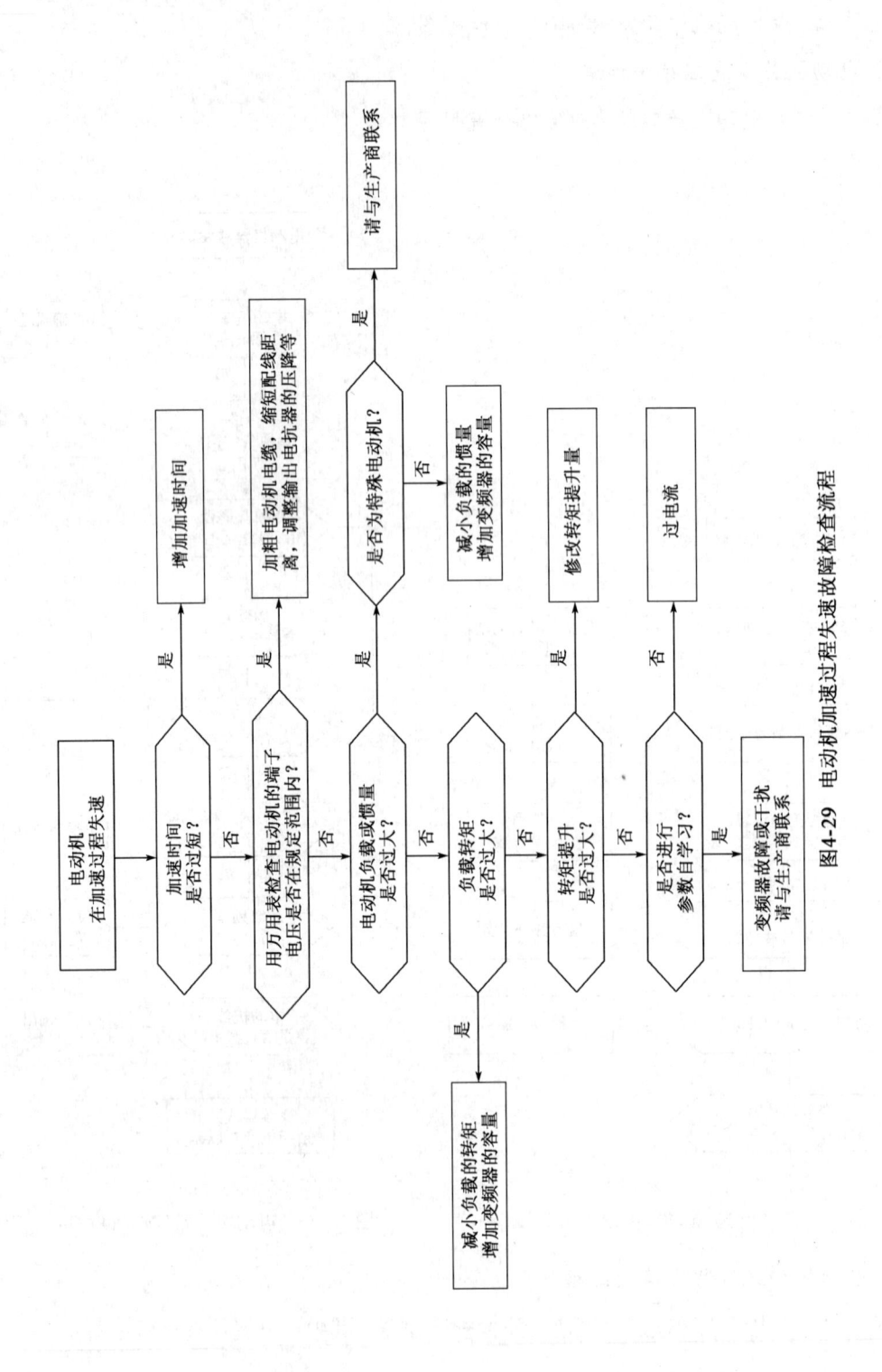

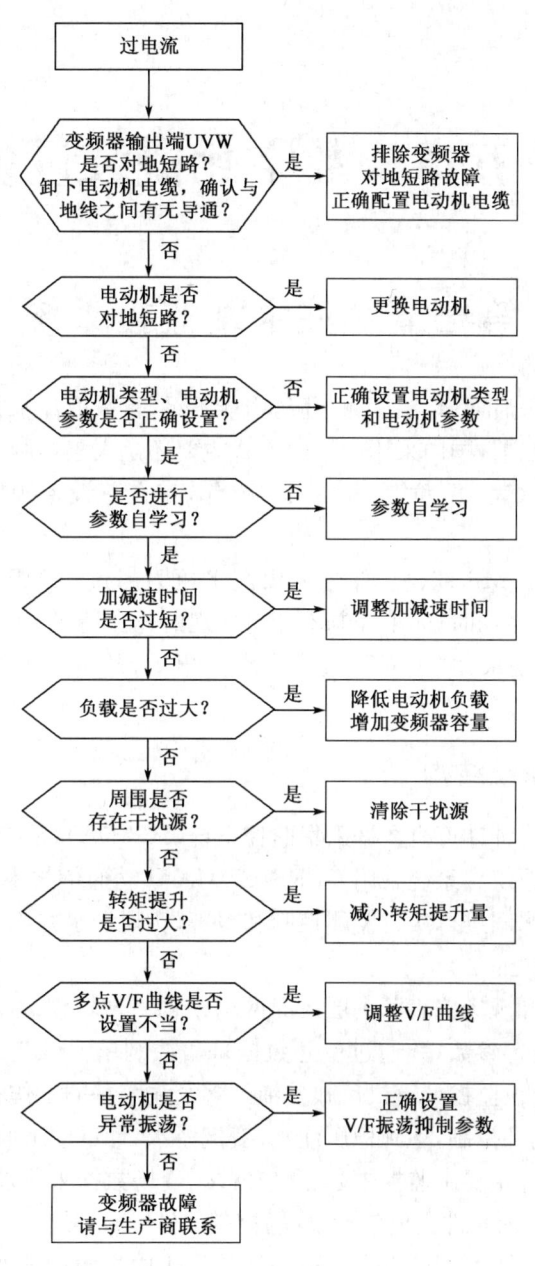

第四章 RTU与多功能抽油机控制柜

图 4-30 过电流检查流程

第五章　数字化橇装设备

第一节　注水站监控系统

　　胜利油田已处于开采后期,地层压力下降,产能不足,常采取注水方式来补充地层能量,以达到稳产增产的目的。目前,国内采用的注水方式主要还是人工控制,每口注水井都安装有高压阀门、压力表、高压注水表,开、关时需要人工操作,存在着设备操作安全问题和调节质量问题。

　　油田注水压力都在 10MPa 以上,部分油田注水压力超过 40MPa,控制注水的高压阀门开、关困难。当注水干压波动时,人工控制不能对出现的异常情况及时处理,造成注水的失控,影响注水量。有时会使注水井"倒灌",造成注水井出砂,严重影响油田的稳定开发和安全生产。

一、注水站监控系统结构

　　注水站监控系统是一种计算机数据采集监控系统(SCADA),是为油田注水分散控制而开发的远程无线监督控制系统。系统采用 GPRS/CDMA 移动通信技术,实现遥测遥控、集中管理。监控系统对注水配水间进行实时监测控制和报警,实现注水井单井分压注水,减少节流损失,节能降耗。

　　系统采用监控中心和现场仪表两个层次的网络结构。现场仪表检测各注水井的流量、压力、高压注水调节阀开度等参数,并通过单井数据采集控制单元(RTU)经过光纤、无线网桥,上传到监控中心,通过上位监控计算机反映各油区多个注水井的工作状况,并能远程控制阀门开度来调节流量,实现闭环控制,达到稳压注水、变流注水、计量注水的目的。

　　注水站监控系统硬件主要由监控中心、通信网络、现场数据采集控制单元(RTU)、现场仪表组成,见图 5-1。系统的软件主要包括:现场控制软件、通信软件、中央监控调度软件。

　　注水站监控系统有两种不同的方案。第一种是采用中央集中式监控方法,注水井控制器只有测量仪表和注水调节阀执行机构,其 RTU 的功能仅仅完成参数上传和阀位控制指令接收,不具有独立的控制决策功能。当监控中心计算机或通信系统发生故障的时候,整个系统的调节就全部失灵了。第二种方法,上位机与本地控制器分工协作监控,注水压力的调节功能下放给本地注水井控制器,监控中心计算机负责全网参数的监视及总压力、流量的自动调控。实现所谓的"中央监测,统一调度,现场控制"。这种方法比较灵活,故障率少,容易适应注水站不同建设期的需要。

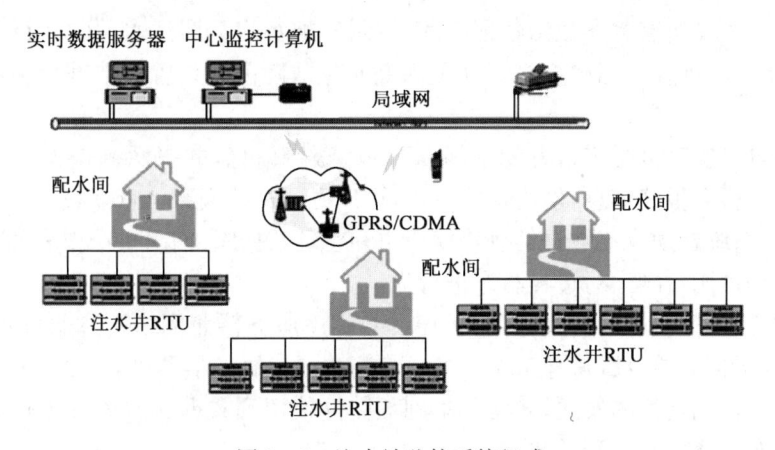

图 5-1　注水站监控系统组成

二、稳流配水系统功能

稳流配水系统具有节能、结构紧凑、占地面积小、操作方便、橇装化、智能化的优点。图 5-2 是稳流配水系统功能图，稳流配水系统具有单井流量自动调控和运行参数现场集中监测、远传等功能，达到了精确注水、稳流控水、节能增效、无人值守、数字化管理的目的。稳流配水系统适用于油田单井注水压力变化频繁掺水、掺药、定量注水需要。

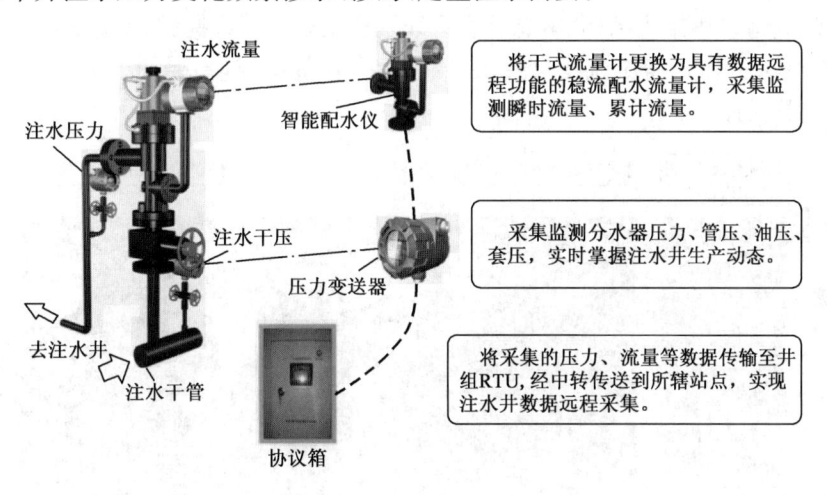

图 5-2　稳流配水系统功能

稳流配水系统通过采集注水压力、流量信号，经网络传输设备和数据通信，将生产数据、水井工况传至指挥平台，由指挥中心生产管控人员通过注水自动监视控制系统软件实现对注水井远程监视和自动调节，确保系统内注水井平稳注水，实现注水井由手工调控→自动稳流配水→远程调配和监控，实现注水井管理方式的转变。

各注水井的流量、压力数据在监控计算机的实时数据库中不断更新，通过油田局域网实现数据共享。局域网内终端用户根据需要，实时浏览配水间工况，在被授权时，可实时对注水井控制调节阀发出指令，调整工作参数，从而实现注水管理自动化、网络信息化。

监控中心定时发送控制参数给各配水间,控制各配水间下属注水井的运行调节。当通信故障时,各配水间的远程数据测控终端(RTU)将根据故障前的设置参数进行注水压力(流量)进行调节。

监控中心可以实时接受来自各配水间 RTU 的报警信息,并提示操作人员进行报警信息处理。同时记录所有报警信息,形成报警日志,可以方便进行报警信息查找。

根据要求,系统自动收集数据信息建立历史和管理数据库,输出生产报表和管理报表。实现现场数据远程调用、存储、对过程状态进行显示。

在监控中心设置 1 台数据自动冗余备份的数据库服务器兼网络发布服务器、1 台网络通信服务器,其他根据需要设置操作员站。各配水间由通信服务器调度,包括对配水间 RTU 的数据进行采集和控制指令的发送,并将采集到的数据传送到数据库服务器进行数据存储。通过网络实时发布服务器采集到的数据。

第二节　稳流配水阀组结构

多年来油田在高压注水中无法实现的平稳注水、定量注水及精确注水,稳流配水装置不仅解决了油田注水稳压稳流精确配注问题,而且具有节能环保、远程精准调注、节省人力物力、减小劳动强度的优越性能。

稳流配水阀组采用排式结构,由总进管管线及多条单井管线构成,单井管线分别由平衡式高压节流截止阀、一体式高压流量自控仪、压力变送器等组成,主要用于油田高压注水工作。稳流配水橇结构见图 5-3。

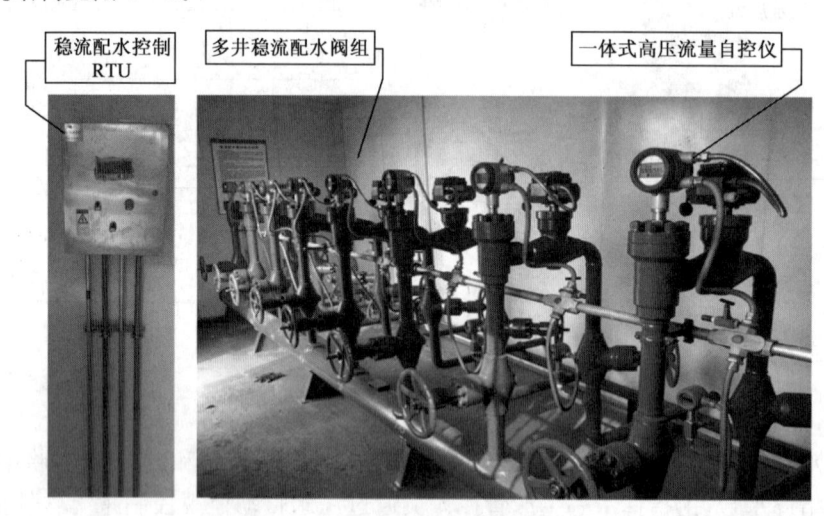

图 5-3　稳流配水橇结构

本装置集压力变送器、流量变送器、自动调节阀及智能终端于一体。阀组采用橇装式结构,由 2~12 口井的稳流配水装置组合而成,安装在注水配水间。由注水主干管道向多个注水井配水,直接给各注水井供水,降低了注水系统成本,减小了人员劳动强度,提高了高压环境作业的安全性。累计流量和瞬时流量及调节阀的开度可以远传到监控中心。

一、稳流配水阀组组成

稳流配水阀组由一体式高压流量自控仪(包括电动高压流量调节阀、磁电式流量计)、压力变送器、进出口高压节流阀组成,见图5-4。

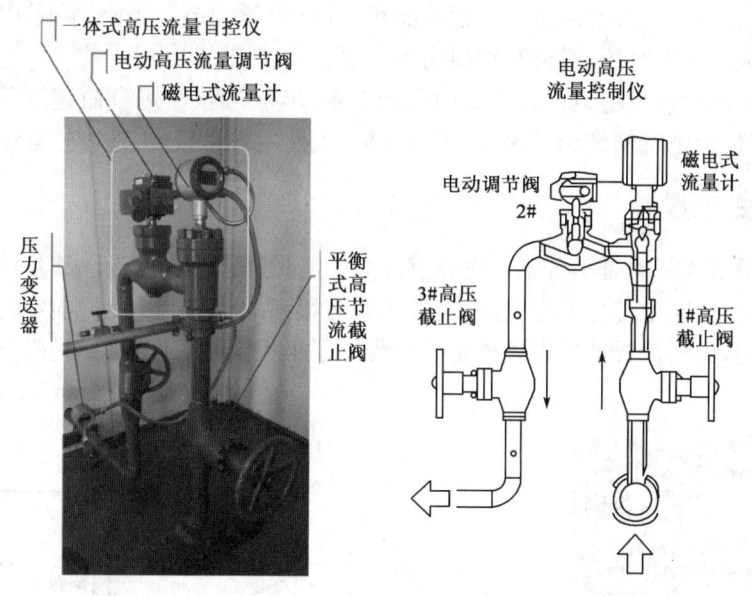

图5-4 稳流配水阀组组成

二、电动高压流量调节阀

电动高压流量调节阀采用高压"多级调节磨轮"式结构,此结构保证了一体式高压流量自控仪从"关闭"至"全开"只需旋转90°角度。双流磨轮阀原理图如图5-5所示。

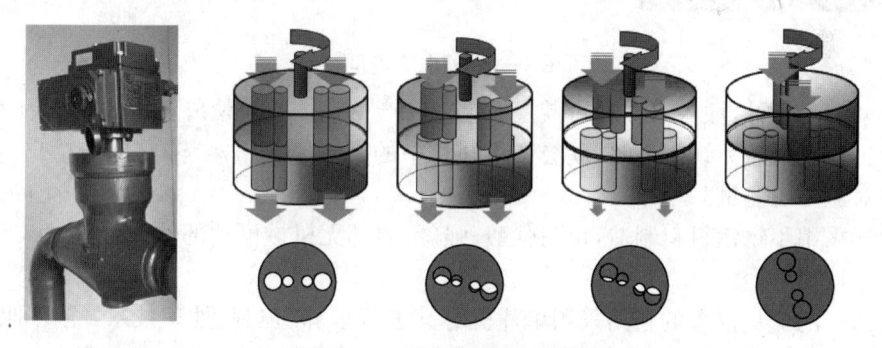

图5-5 双流磨轮阀原理图

调节阀的控制执行机构由交流电动机、减速装置、双流控制阀组成。用户设定注水流量值,控制器把流量计实测流量和设定值进行比较,若其差值大于死区流量时,控制器就会发出指令,驱动电动机正旋或反旋,经减速机构驱动双流阀芯转动,改变注水流量,使之接近或等于设定值,实现恒流量注水。当交流电源断电时,流量计由于有内部电池供电可正常工作,但流量调节只能手动调节。由于减速装置的作用手轮很轻,调节的分辨率较高,手动调节也非常容易。

高压注水控制阀采用"双流"调节阀,阀芯由电动机驱动,电动机经三级齿轮减速,涡轮蜗杆机构驱动阀杆带动阀芯转动0°~90°。

阀芯与阀座是由两块各带有两个圆孔的磨轮组成,两磨轮的工作密封平面始终紧贴在一起,当两个磨轮上的圆孔对齐时,阀门全开,而阀芯磨轮做90°旋转时,圆孔挡住,阀门全关。因此转动阀芯磨轮,即可改变注水的流通截面积,进行流量调节。当阀门开闭时,还能将残留在工作密封面上的污垢磨掉,避免杂物损伤密封面。

双流平调节阀操作平稳、省力,不会引起阀芯振动和噪声,使用寿命超过普通调节阀的5倍以上;改变了传统闸阀精细调节困难、阀门易损坏、使用寿命短、不适应经常调节的缺点。

三、磁电式流量计

磁电式流量计实际上是一种采用电磁感应方法测量漩涡频率的漩涡流量计。由经过特殊处理的漩涡发生体、磁电传感器等构成,对注水具有很强的防结垢功能。检定时传感器总体可以从表壳内取出,给流量计的周期性检定工作带来了极大方便。图5-6是磁电式流量计示意图。

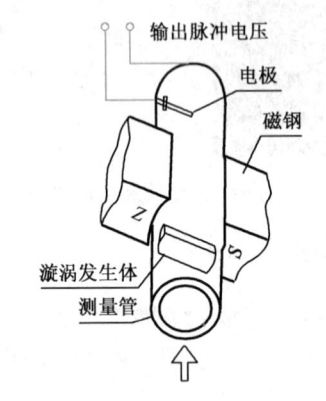

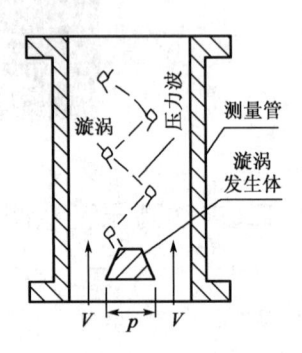

图5-6 磁电式流量计

磁电漩涡流量计,注入水在通过漩涡发生体时产生一体积流量成正比的漩涡频率,导电的注入水通过含有强磁力线管道时,就会产生同频率的交流感应电动势,将电势检出进行处理,即可实现对流量的测量。

传感器采用不锈钢材料制造,可耐强酸、强碱,内部无机械可动部件,不易堵塞,不会阻卡,因而延长了使用寿命。

磁电感应的流量信号的电路采用单片机对其进行运算、控制、处理技术,能识别流量与振动数据,消除信号干扰,具有良好的抗振、抗干扰能力,使流量计性能稳定、可靠。

流量计测量流速范围为0.5~7m/s。显示仪单片机具有十段非线性流量误差修正功能和输出脉冲信号修正功能,使同口径流量计输出脉冲数一致。

远传信号的输出方式有两种:一个是4~20mA标准电流信号;另一个是为基于Modbus协议的485数字信号输出。

容积输出信号:显示累计总量最低位每增加一个数字,流量计容积输出端就发出一个脉冲信号。

四、GLZ 型高压流量自控仪

1. 结构

高压流量自控仪是稳流配水装置的核心，其把流量计量、调节阀、控制器、流量直管段有机地集于一体，具有结构紧凑、操作简便、显示直观、控制精度高、耐腐蚀、耐高温、防结垢、手动控制流量及自动控制流量等特点，无线通信接口易于实现对现场进行远程监控，具有较高的稳定性和抗干扰能力，是机电一体化高科技产品，特别适用于油田的高压注水、注聚工程使用。根据流量测量原理，流量测量分为：涡街电旋式、叶轮式、电磁式。GLZ 型高压流量自控仪由表头、屏蔽盒放大版部分、漩涡芯体计量部分、电动机、调节阀部分组成。图 5-7 是高压流量自控仪外观图。

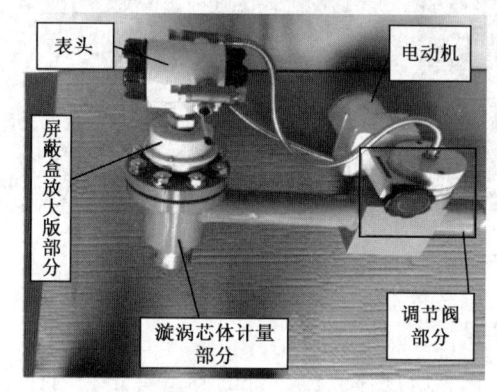

图 5-7　GLZ 型高压流量自控仪外观图

2. 工作原理

1）涡街电旋式高压流量自控仪计量原理

利用电磁感应与卡门涡街原理相结合而研制的一种全新的流量测量技术，当导电液体流经漩涡发生体后，在内腔中两侧有一对磁铁形成的磁场中形成规则交错排列的漩涡，切割磁力线产生与漩涡频率相同的弱电信号，经探头检测后，进行信号处理，进而算出流量信号。图 5-8 是涡街电旋芯体图片。

图 5-8　涡街电旋芯体图片

2)叶轮式高压流量自控仪计量原理

采用经过特殊处理的叶轮、轴和轴承,当被测介质流过时,流体冲击叶轮产生脉冲信号,经过电路处理,传送给控制器。叶轮传感器由线圈和磁钢芯构成,当叶轮旋转转到叶轮传感器底部时,叶片就在线圈和磁钢芯组成的磁场中切割磁感线,产生正弦波信号,再由放大器和三极管组成的信号处理电路得到标准的脉冲信号。图5-9是叶轮芯体图片。

图5-9 叶轮芯体图片

3)电磁式高压流量自控仪计量原理

流量计测量原理乃基于法拉第电磁感应规律。流量计的测量管是一内衬绝缘材料的非导磁合金短管。两只电极沿管径方向穿通管壁固定在测量管上。其电极头于衬里内表面基本齐平。励磁线圈由双向方波脉冲励磁时,将在与测量管轴线垂直的方向上产生一磁通量密度为 B 的工作磁场。此时,如果具有一定电导率的流体流经测量管,将切割磁力线感应出电动势 E。电动势 E 正比于磁通量密度 B、测量管内径 d 与平均流速 v 的乘积,电动势 E(流量信号)由电极检出并通过电缆送至转换器。转换器将流量信号放大处理后,可显示流体流量,并能输出脉冲,模拟电流信号,用于流量的控制和调节。

$$E = KBdv \tag{5-1}$$

式中 E——电极间的信号电压,V;
B——磁通密度,T;
d——测量管内径,m;
v——平均流速,m/s;
K——常数。

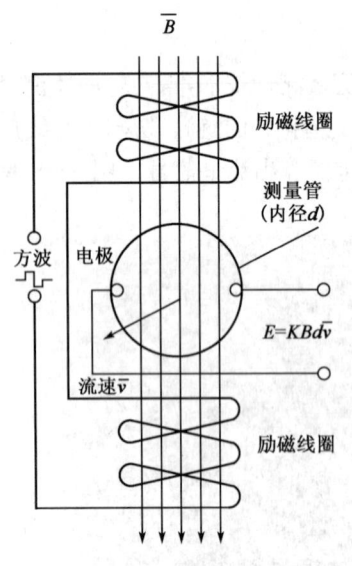

图5-10 电磁流量计的基本工作原理

由于 K 为常数,励磁电流是恒流的,故 B 也是常数,则由式(5-1)可知,体积流量 Q 与信号电压 E 成正比,即流速感应的信号电压 E 与体积流量 Q 成线性关系。因此,只要测量出 E 就可确定流量 Q,这就是电磁流量计的基本工作原理。图 5-10 是电磁流量计的基本工作原理图。

3. 功能特点

(1) 设计科学,采用"双流"调节阀技术,彻底解决普通闸阀关闭不严,易堵、卡、损、漏,人工调节费力费时和风险高等现实问题。

(2) 高效节能,本装置及时精确调节注水量、稳产控水,节约因注水不准确而导致的巨大电能消耗。

(3) 操作方便,可实现流量信号 24h 稳定控制,自动计量各种参数,自动开启和关闭操作,无须担心注水失控和"倒灌"现象发生。

(4) 安全可靠,仪器仪表采用 24V DC 安全电压,数据采集精确可靠。

(5) 可视界面,液晶屏幕显示总流量、瞬时流量、日期、日流量等。

(6) 双供电设计,流量计内置 3.6V 锂电池,当失去外部 24V DC 电源时,其流量测量功能照常工作。

(7) 流量计为可拆卸式结构,便于周期性检定和检修。

(8) 智能控制系统具有开度指示,便于现场观察。

(9) 配置 RFID 电子标签,可记录流量自控仪的身份信息,且支持状态信息及故障信息实时采集。

4. 技术指标

电磁式高压流量自控仪主要技术指标见表 5-1。

表 5-1 电磁式高压流量自控仪技术指标

项目	指标
公称口径	DN20mm、DN25m、DN40mm、DN50mm、DN65mm
公称压力	4MPa、6.3MPa、16MPa、25MPa、35MPa、42MPa
选用介质	油、含油污水、水、蒸汽
介质温度	-20~80℃
介质压力	0~35MPa、42MPa
总电源	输入电压 220V AC,输出 24V DC,功率 300W
仪表电源	由总电源提供工作电压 24V DC
压力损失	在最大流量时不超过 0.05MPa(大于 DN50mm 水平式不超过 0.03MPa)
压力范围及精度	0~32MPa/42MPa,1.5 级
流量范围及精度	0.1~70 m³/h,1.0 级,1.5 级
外输信号	标准 RS485

五、压力变送器

系统的压力变送器由注水干压压力变送器和各单井注水压力变送器组成,分别用来测量注水干压和各单井注水压力,采用智能扩散硅式压力变送器。具体内容详见第二章相关章节,此处不再冗述。

六、稳流配水 RTU 控制箱

RTU 为稳流配水阀组的电动高压阀、压力变送器、磁电流量计提供电源,并采用 RS485 通信模式与压力变送器、磁电流量计通信,实时测量流量、压力,根据设定流量,控制电动阀的正反转向,维持合适的开度,保证稳流配水。同时可以通过有线或无线方式进行远程集中查询和显示测控仪表和压力数据。每台 RTU 可以连接 2~10 口井稳流配水阀组测控仪表装置。

稳流配水阀组自带 RTU 控制系统,能够上传压力流量信号及远程调节单井配注量。橇块内仪表与 RTU 之间采用有线传输,RTU 与上一级控制系统之间采用无线传输。系统具有远程数据采集,控制、设置等多种功能,自动生成多井注水参数日报表、月报表。管理人员可定期以 USB 接口将报表拷贝到上位机或通过以太网将数据传输至上位机,实现无人值守、数字化管理的目的。

在使用过程中,选择打开单井管线上的截止阀,通过流量自控仪上按键设定流量值,控制器把瞬时流量值和设定值进行比较。若该差值大于瞬时流量稳定度,控制器就会发出指令,驱动电动机正转或反转来调节瞬时流量,使瞬时流量值接近或等于设定值。

RTU 通过通信网络与区域监控中心的监控计算机相连,传送测控数据到监控中心实时数据服务器上,实现对所有注水井的运行参数远程监测、远程控制及参数设定。配水装置 RTU 可以采用四化标准油田 RTU,设置为水井模式即可,实现各个配水间和监控中心的数据通信。RTU 系统具有自主控制注水流量的功能。RTU 不断接收监控中心给出的设定注水流量,并与阀后压力变送器、流量变送器输出的压力、流量反馈信号进行比较,通过 PID 算法,输出电动机正、反转控制信号,控制电动机转动;并通过减速机力矩传递,驱动阀芯转动,改变阀门开度,实现注水流量的自动控制。

安装在井口的 RTU 连接注水干压、各注水井压力、注水流量变送器和注水控制阀执行机构,实现各注水井压力、流量远程测控,其组成如图 5-11 所示。

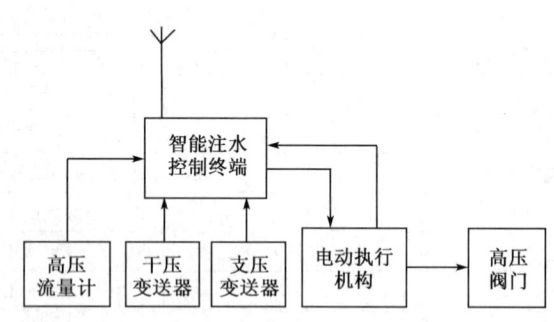

图 5-11 远程数据采集控制器(RTU)构成

1. 功能

(1)阀门手动、自动查询;
(2)设定值查询;
(3)设置时间;
(4)输入密码;

(5)设置仪表地址；

(6)安装井数设定；

(7)井压力表数设置；

(8)设压力单位；

(9)数据备份；

(10)仪表初始化。

2. 各项菜单功能说明

(1)阀门手动、自动查询:查询已经安装的阀门当前处于自动调节状态,还是手动调节状态。

(2)设定值查询:查询已经安装的"测控仪"和"压力表"设定值。

(3)设置时间:设置时间"年月日"和时间"时分秒",还有选择是否在显示器上显示时间。

(4)输入密码:输入四位有效密码,使受密码保护的菜单可以操作。正确输入过一次密码后,密码一直保持有效。直到退出菜单状态,回到正常的测量状态为止。当再次进入菜单,对受密码保护的菜单操作时,需重新输入密码。

(5)设置仪表地址:设置本仪表的通信地址,此菜单受密码保护。

(6)安装井数设定:表示本仪表需要采集几口井的数据。如果安装了1口井就是"1",2口井就是"2"。最多为10口井。每口井为1只压力表和1台只测控仪。

(7)井压力表数设定:设置每口井连接的压力表数。菜单受密码保护。

(8)设压力单位:设置本仪表显示压力时的单位为 MPa 或 kPa。此菜单受密码保护。

(9)数据备份:创建设置数据备份或恢复上次的数据。恢复数据备份的前提是已经创建了数据备份,如果没有创建过数据备份,直接恢复数据备份,那数据是不确定的。此菜单受密码保护。

(10)仪表初始化:使仪表内数据自动设置成默认状态。

3. RTU 日常维护及故障处理

(1)检查转换箱各项运行参数是否正常。

(2)检查设备各接线是否稳固。

(3)保证供电电压较恒定,供电的接线部分无线头裸露,防止短路烧坏控制设备。

(4)维修、拆卸转换箱时,一定要先断电,以免发生危险。

表 5-2 是协议转换箱常见故障及处理方法表。

表 5-2 协议转换箱常见故障及处理方法

故障现象	故障原因	排除方法
无法通信	供电故障	现场检查,查看协议箱是否进行了供电,供电以及线路是否正常
	设置错误	检查协议箱的各项参数设置是否错误,有错误进行正确设置修正
	通信模块坏	检查协议箱通信模块是否正常,损坏进行专业维护更换
面板显示错误	线路故障	检查各个仪表接线至协议箱是否接线,接线是否正确牢靠
	仪表故障	检查阀组仪表工作显示是否正常,排除仪表故障
	设置错误	检查协议箱的各项参数(信道、工作模式等)设置是否错误,有错误进行正确设置修正
	协议箱坏	排除上述故障,可以判断为协议箱内部元件损坏,需联系维护厂家进行专业维护

第三节 稳流配水阀组操作与维护

一、运行操作

1. 开机前准备及运行

(1)检查各井各设备、阀门、管线连接是否牢固,高压流量自控仪及控制器是否可以正常工作。

(2)自动控制:开机后一次对每口井进行检测及操作设置。首先打开单井上 1# 高压截止阀、3# 高压截止阀,然后再通过 RTU 设置 2# 高压流量自控仪的流量参数。使其自动调节流量。

(3)手动控制:当系统故障或停电时,流量计自带电池仍能工作,但电动高压调节阀失去动力无法工作。此时,取下电动控制阀上配备的内六角扳手,插入阀后扳手孔中,手动正反转动操作,改变阀门开度,调节流量。

(4)设备运行后检查单井管线上的压力变送器等仪表显示及数据传输是否正常。

(5)当设备长时间停机后又重新开机时,必须让设备上所有的阀门及流量自控仪在关闭电源的情况下,处于全开状态运行 20~30min,对管线进行冲洗。避免管线内沉积物影响阀门密封及仪表计量的准确性。

(6)操作人员应该认真执行安全规程,保障人身安全,防止事故发生。

2. 停运放空

当设备整体需要维护时,关闭所有单井管线中的 1# 高压阀、打开 3# 高压阀,进行放空。

3. 流量自控仪在线拆卸及安装

(1)在线拆卸:分别关闭单井管线上 1# 高压截止阀、开启 3# 高压截止阀,利用井口将单井压力放空。然后关闭总电源、将接入表头的外接电源线及 R485 通信线拆下,将表头取下,然后拧开阀盖上的连接螺栓,取下阀盖、将表芯小心地从阀体内取出,将取下的零件妥善保管。

(2)在线安装:将流量自控仪表芯组件平面凹槽内装入 O 形密封圈,并涂抹高效润滑剂。将表芯组件安装进阀体内,盖上阀盖,确认位置与拆卸前一致后,将表头安装到表芯组件上,并拧紧连接螺栓,确保表头刻度线方向与管线方向一致。显示屏方向向外。接好 R485 信号线及电源线。拧紧金属软管接头。

(3)检查各部分安装情况,导通正常计量流程,开启总电源进行自动化操作。

4. 阀门操作注意事项

(1)除对单井单个更换流量自控仪需关闭 1# 高压阀外,其正常情况下都处于常开状态。

(2)单井井口维修只需要关闭单井上的 3# 高压阀即可。

(3)设备整体停用,只需要关闭所有单井 1# 高压阀、打开 3# 高压阀,对设备进行放空。

(4)维修、拆卸测控装置时,一定要先泄压和断电,以免发生危险。

(5)遇到问题时,首先要排除是不是注水流程上的问题,各个阀门是否已经打开,压力是否合适,再查找仪表的问题。

二、参数设置与调整

1. 显示方式

三排液晶显示面板如图5-12所示。
第一排:××××　×××　设定参数名称。
第二排:×××.×××××　八位累计流量(m^3)。
第三排:×××.×　四位瞬时流量(m^3/h)。
累计流量:自动扩大显示精度,累计流量值可清零。
仪表系数:现场可置入。

2. 按键及调节

图5-13是磁电式流量计仪表参数设置图。
三个按键:"选项"键——每按一次,功能及显示切换一次。如果按下"选项"键不放,约6s后,画面就切换到"测量状态"。"＋""－"——更改设定数据,按"选项"键,可改变的功能及显示如下:

图5-12　磁电式流量计面板

(1)默认状态:测量状态显示,显示累计总量和当前的瞬时流量。
(2)设定密码:可用"＋""－"键修改,共有三个密码:
①123:可修改累计量。
②23:可修改累计量和修改地址。
③222:可修改全部参数。
(3)累计量清零:当密码正确时,用"＋""－"可以修改累计量。同时按下"选项"及"－"可将累计量清零。
(4)修改地址:在多个485站点进行通信时,每个站点要设定一个不重复的地址。当密码正确时,用"＋""－"可以修改地址。
(5)最低流速:当密码正确时,用"＋""－"可以修改最低流速。当流量小于此值时,显示为0。
(6)脉冲当量:当密码正确时,用"＋""－"可以修改脉冲当量(仪表参数)。若同时按下"选项"及"－"可将它清零。

在不同流量处,脉冲当量略有不同,将各流量点的修正量输入流量表中,以提高测量精度。当密码正确时,按"选项"键,可以进入当量修正画面。其中显示了当前要输入修正量的流速点及该点的修正量,此时用"＋""－"可以修改此修正量。若同时按下"选项"及"－"可将修正量清零。

此点修改完毕后,按一下"选项"键,就切换到下一个流速点,再进行修正量的修改。

若同时按下"选项"及"＋"可切换到下一个流速点,并把上一个

图5-13　仪表参数设置

修正量传到当前的修正量上。

修正表从 0 m³/h 开始,共有 56 个修正点,两个流速点之间的流速增量是自动设定的。如果中途要停止修正,可以按下"选项"键不放,约 6s 后,画面就切换到"测量状态"。

三、日常维护保养

1. 日常巡检

(1)检查设备外观是否完好;

(2)检查配水装置各阀门开关位置是否正确,流量计是否完好,是否有渗漏;

(3)检查压力变送器、磁电流量显示是否正确;

(4)检查流量自动调节装置是否正常运转;

(5)检查配水 RTU 各项运行参数是否正常,各处的接线是否稳固;

(6)保证供电电压较恒定,供电部分防水做好,供电的接线部分无线头裸露,防止短路烧坏控制设备。

2. 维护保养

(1)根据维保计划进行现场维护;

(2)有渗漏更换密封圈;

(3)紧固螺丝;

(4)紧固接线端子;

(5)检查控制面板能否正常操作。

四、常见故障处理

高压流量自控仪维护周期不应超过半年。表 5-3 是高压流量自控仪故障与维修方法。

表 5-3 高压流量自控仪故障与维修方法

故障现象	故障原因	处理方法
控制装置对流量信号和检验信号均无显示	电源未接通或电压不对	接通电源,给定工作电压
	控制器有故障	
控制装置对信号有显示但对流量信号无显示	压力变送器与显示仪间接线有误,或有开路、短路、接触不良等故障	正确接线
	压力变送器短路或开路	维修和更换压力变送器
	管道没流体经过	清洗管道,开通阀门或泵
控制装置工作不稳;不控制	实际流量超出装置计量范围或工作状态不稳定	使被测流量与控制装置的测量范围相适应
	仪表系数有误	重新设置系数 K
	控制装置内挂有杂物	清洗控制装置
	控制装置旁边有较强的电磁干扰	远离电磁干扰源或采取屏蔽措施

第四节　水套加热炉橇装设备

水套加热炉是在油井井场用来给油井产出的油气进行加热降黏的装置,主要用于油气集输系统过程中,将原油天然气加热到工艺要求的温度,以便进行输送、沉降、分离、脱水和初加工。

一、水套加热炉结构

水套加热炉主要由水套、火筒、火嘴、沸腾管和走油盘管五部分组成,为便于运输和现场安装往往采用橇装水套加热炉。水套加热炉外形如图5-14所示。

图5-14　水套加热炉外形及结构

二、水套加热炉工作原理

在水套炉的筒体中,装设了火筒、烟管、油盘管等部件,它们占据了筒体的一部分空间,其余的空间装的是水,但是水不能装满,约为筒体体积的三分之一。燃料在火筒中燃烧后,产生的热能以辐射、对流等传热形式将热量传给水套中的水,使水的温度升高,并部分汽化,水及其蒸汽再将热量传递给油盘管中的原油,使油获得热量,温度升高。采用这种间接加热的方法是为了防止原油结焦。

水套加热炉由于采用受热火筒对水加热,热水再对走油盘管进行加热,避免了因为直接加热造成的结垢、腐蚀以及焦化作用,如果走油盘管发生穿管,油气泄漏时水套加热炉更为安全,能有效避免因盘管穿管后油气直接和明火接触,引发着火爆炸。但水套加热炉存在着传热效率偏低(仅70%~85%)、运行中水容易蒸发、需要及时进行补水的缺点。

三、水套加热炉数据采集与工况监控

水套加热炉主要采集数据有:原油进出口温度、压力、水位、炉烟温度等,并且应具有远程点火、调火焰和停炉功能;同时,具有熄火报警、低水位报警以及燃烧器联动关断保护功能。图5-15是水套加热炉数据采集与监控示意图。

图 5-15　水套加热炉数据采集与监控示意图

1. 温度、压力采集仪表

水套加热炉的温度、压力采集仪表技术特性、安装注意事项，前面有所介绍，这里不再赘述。

2. 磁翻转式液位计结构和原理

磁翻转式液位计是一种利用连通管原理通过磁耦合传动的隔离式液位计，其结构由连通器、带磁铁浮子、磁翻柱组成。连通器由不导磁的不锈钢管制成，液位计面板捆绑在连通器外，面板支架内均匀安装多个磁翻柱。每个磁翻柱有水平轴，可以灵活转动，一面涂成红色，另一面涂成白色。每个磁翻柱内都镶嵌有小磁铁，磁翻柱间小磁铁彼此吸引，使磁翻柱稳定不乱翻，保持红色朝外或白色朝外。

当磁浮子在旁边经过时，由于浮子内磁铁较强的磁场对磁翻柱内小磁铁的吸引，就会迫使磁翻柱转向，使磁浮子以下翻柱为红色，磁浮子以上翻板为白色，显示液位。

磁翻转式液位计需垂直安装，连通容器与被测容器之间应装连通阀，以便仪表的维修、调整。磁翻转式液位计结构牢固，工作可靠，显示醒目；利用磁性传动，不用电源、不会产生火花，宜在易燃易爆场合使用。其缺点是当被测介质黏度较大时，磁浮子与器壁之间易产生粘贴现象；严重时，可能使浮子卡死而造成指示错误。

磁翻转式液位计的安装形式有侧装式和顶装式（地下型），根据被测介质的特性分为基本型、防腐型和保温夹套型。结构如图 5-16 所示。

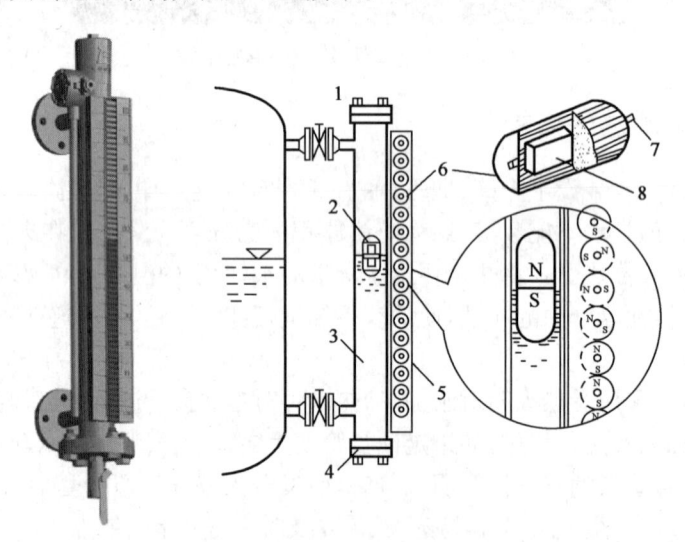

图 5-16　磁翻转式液位计结构
1—连通阀；2—内装磁钢的浮子；3—连通器；4—盲板；5—液位计面板；
6—磁翻柱；7—磁翻柱轴；8—翻柱磁铁

磁翻转式液位计可配置液位开关输出，实现远距离报警及限位控制。液位开关内置干簧管，通过浮子的磁场驱动干簧管闭合，实现上下限位置报警。

磁翻转液位计还可配置变送器,变送器测量管中密封多个并联干簧管及串联电阻,当磁浮子吸引液位高度上的干簧管闭合时(其他干簧管均不闭合),使测量电路总电阻等于其下各段电阻之和,随液位变化,通过转换电路转变为 4~20mA 标准信号输出。实现液位的远距离指示达到自动控制和检测的目的。

3.磁翻转式液位计常见故障分析及处理

(1)浮子卡死。

由于被测液体中铁锈及其他固体杂质,会逐渐吸附在浮子和连通器中,导致浮子卡死,使现场液位测量值固定不变,无法进行液位检测,需要定期清洗磁浮子和连通器内壁。清洗时要关严上下连通管阀门,缓慢打开底部排污阀,泄压、排污干净后再卸开盲板固定螺栓,防止带压伤人。

清洗完毕打开仪表时,要注意先开上部连通阀,待顶部气体充压至与罐内压力平衡后再打开液体连通阀,防止连通器内液位冲击浮子,将浮子撞瘪。

(2)乱磁现象。

磁浮子液位计长时间使用后,磁钢退磁,导致浮子与磁翻柱磁钢之间磁耦合力减弱,无法带动磁翻柱翻转,从而产生指示器磁钢红白紊乱的情况,即"乱磁"现象。当出现"乱磁"现象时,一般需要更换浮子或指示器面板。

(3)气阻现象。

当测量原油中有气体析出时,在连通器中气泡上升,当气体从磁浮子周围穿过时,高速气流冲击浮子,使之迅速上下运动。浮子运动速度过快而与磁翻柱瞬间失去磁耦合作用,造成指示器的"乱磁"现象。当液位计出现由于气阻导致的"乱磁"现象时,可通过关小气相连通阀,再用磁棒等磁性物体进行现场校正,以恢复现场液位的监控。

(4)变送单元故障。

长期使用后传感器的个别干簧管会产生永久性导通或不吸合失效,影响变送单元的分压电阻比,出现液位值的测量偏差,就无法准确测量液位。变送单元遭受雷击时,转换电路中瞬间冲击电流使电子元件损毁,导致变送单元无法对检测信号进行转换。一般可通过更换干簧管及转换电路板修复。

当磁翻转液位计出现退磁、乱磁、远传变送单元损坏时,一般可以通过更换磁浮子及指示面板进行修复,无须更换连通器、上下连通阀等金属构件。

(5)电伴热带故障。

测量原油时温度过低会使原油凝固无法测量液位。测水冬天结冰的情况下会使浮子变形破裂。通常需要用防爆电热带伴热,并在筒体外面敷设保温层。电热带的通断依靠液位计上安装的温控器控制。安装时注意温控器感温温包及毛细管要紧贴连通器壁面,但不要靠近电热带,毛细管不能硬折死弯,防止出现感温误差。另外,测量原油时温控器设定温度以 60~80℃为宜,过低易凝、过高易沸。

四、燃烧器简介

燃气燃烧器采用最新设计的 PLC 系列燃烧器的操作系统,使用微型计算机控制,将燃烧器、风机、点火、火焰监测、风门调节等部件集为一体，实现了机电一体、智能控制全自动程序，可根据用户要求定制 RS232 和 RS485 通信接口。

新型燃烧器具有降低能耗、对环境污染小，科学合理的机理结构，先进的控制系统，运行安全可靠，安装、拆卸方便，便于维修等特点。

PLC-1022P 燃烧器控制器是水套加热炉智能控制的核心部件，是一款高性能、智能型燃烧器控制系统，集设定、操作、显示、检测、通信于一体化设计，中文面板轻触开关，夜间操作开关自动照明系统，其控制面板如图 5-17 所示。

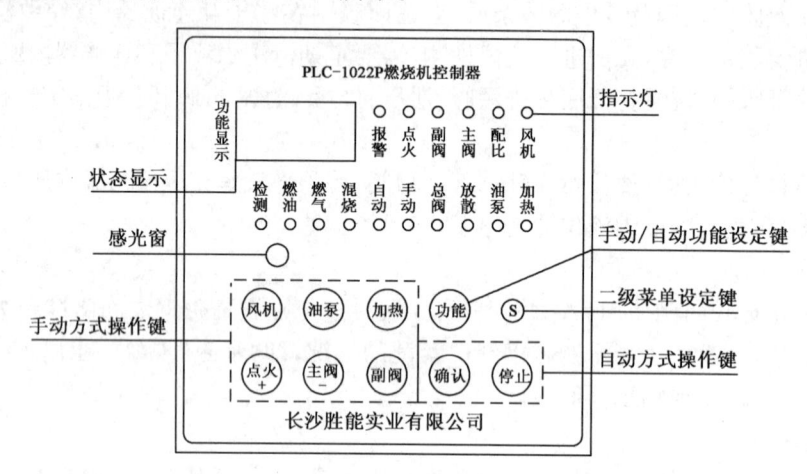

图 5-17 PLC-1022P 燃烧器控制器面板

五、水套加热炉操作流程

1. 点火前准备

点火前准备工作注意以下几点：
(1)水套加热炉内加水至规定的高度，水位的高度不低于玻璃管的 2/3 高度。
(2)水套加热炉炉体各部件齐全完好，烟囱绷绳应紧固。
(3)各种仪表、仪器、自动调节及保护装置齐全完好。
(4)水套加热炉炉体内的安全阀压力为 0.15～0.20MPa，阀体开启灵活。
(5)供气系统畅通，压力达到规定要求。

2. 手动点火操作

燃烧器配有手动和自动操作系统，手动程序仅供现场熟练工操作或设备检修调试使用。手动点火操作注意以下几点：
(1)将开关设定在"燃气""手控""大火"位置，无外控停止信号输入。
(2)按"停止"键将系统复位。
(3)按"功能"键转手动，手动指示灯亮。
(4)按"风机"键，风机指示灯亮，风机开启，配风亮，风门自动打开，吹扫炉膛(初始调试检测风机运转方向，正视风机电动机后端，顺时针方向运转)。
(5)按"点火"键，配风指示灯灭，点火指示灯亮时，点火枪开始点火。

(6)着火后,按"主阀"键,主阀指示灯亮,同时配风指示灯亮,风门自动开启,此时监测指示灯亮(配用手动风门的燃烧器,待主阀开启着火后,应慢慢打开风门,调至所需位置)。

(7)燃烧正常后,按"功能"键,"自动"指示灯亮,燃烧器只在自动状态下才有自动安全保护功能。

(8)按"停止"键,控制系统中断燃料输出,系统进行停机后检漏程序,系统正常停机,如异常则显示 AL-6,以故障码查找故障。

3. 人工单次自动点火操作

人工单次自动点火操作注意以下几点：

(1)将开关设定在"手控""大火"位置,无外控停止信号输入。

(2)按"停止"键将系统复位。

(3)按"确认"键控制系统自动进入吹扫,自检,点火,开阀,监控自动运行程序,系统安全运行。

(4)按"停止"键,控制系统中断燃料输出,系统进行停机后检漏程序,系统正常停机,如异常则显示 AL-6,以故障码查找故障。

4. 无人值守自动点火操作

无人值守自动点火操作注意以下几点：

(1)将开关设定在"自控"及"大火"位置,无外控停止信号输入。

(2)按"停止"键将系统复位。

(3)温度低于设定下限,无外控停止和小火信号时。

(4)控制系统自动进入点火程序运行。

(5)加热温度超高设定时转入小火运行(比例调节型由现场人工智能调节仪,或用户外部给定信号自动 PID 调节),超上限停机,低于下限 HY 时自动点火运行。

(6)按"停止"键,控制系统中断燃料输出,系统进行停机后检漏程序,系统正常停机。

第六章 天然气田生产数据采集与工况监控

第一节 天然气田生产数据采集与工况监控要求

一、气田生产工艺简介

天然气从气井采出,经过调压及分离器除尘除液处理之后,再由集气支线、集气干线输送至天然气处理厂或长输管道首站,称为气田集输系统。当天然气中含有硫化氢、水时,需经过天然气处理厂(站)进行脱硫、脱水处理,然后输至长输管道首站。

1. 气田场站分类介绍

1) 采气井站

一般在气井所在地设井场装置,从气井出来的天然气经节流调压后,在分离器中脱出游离水、凝析油及机械杂质,经过计量后输入集气管线。

2) 集气站

通常情况下两口以上的气井用管道连接至集气站,在集气站内对气体进行节流调压、分离、计量,然后输入集气管道。

3) 天然气处理厂(站)

从集气站输出的天然气在处理厂脱除硫化氢、二氧化碳、凝析油和水分,使气体质量达到管输的标准。

4) 配气站

一般设置在输气管线的起点或终点,也可以设置在输气管线中途的某个位置,其任务是将气体分配给用户。

5) 清管站

为清除管道内的积液和污物以提高管道的输送能力,常在输气干线上设置清管站。

6) 阴极保护站

为防止和延缓埋在土壤内输气管线的电化学腐蚀,在输气管线上每隔一定距离就设置一个阴极保护站。

7) 天然气增压站

一般设置在天然气集输末端,或管网集输节点,配套有过滤系统、压缩机组、水冷/风冷冷却系统等,利用增压机组的稳定转速和外排能力,降低井口或管网压力,实现低压低产,最终实现井区增产。

8)天然气脱水站

一般设置在增压站后端,或交接商贸点前端,配套有闪蒸罐、吸收塔、重沸器等,脱水站利用三甘醇强吸水的特性,降低管网天然气含水率。

2.基本集输工艺

采气井场里,在针形阀之后,接有控制压力、测量流量和压力,以及保温和处理气体杂质的设备和仪表,以把从气井采出的含有液(固)体杂质的高压天然气,变成适合井场集输的合格天然气。根据气井生产和输气的要求,这些设备、仪表、管线等可以按不同的方案来布置。这种设备、仪表、管线等的布置方案,称为井场采气(工艺)流程。采气流程是对采气全过程各个工艺环节之间关系及管路特点的总说明。用图例符号表示采气全过程的图称为采气(工艺)流程图。如图6-1为单井(常温)采气流程图。

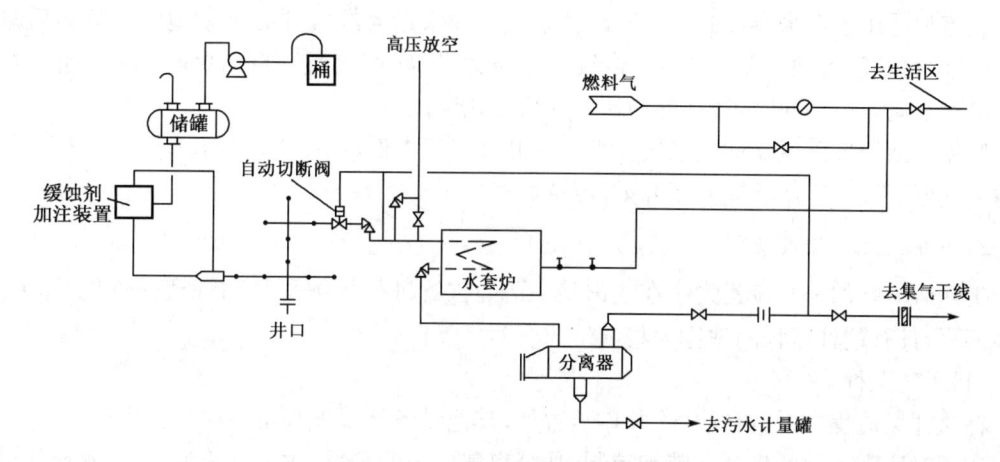

图6-1 单井(常温)采气流程

由于天然气压力较高,而且气体中所饱和的水分经节流降压后易形成水合物,造成冰堵。针对形成水合物造成冰堵的问题,或者是采用加热方法,提高天然气的温度,使节流后不形成水合物;或者是预先注入防冻剂,脱出水分,以防止形成水合物。这样就有常温分离和低温分离两种流程。

根据气井中采出天然气的性质以及矿场集输的要求,采气流程可分为单井(常温)采气流程,多井(常温)集气流程、低温回收凝析油采气流程等,部分采气流程中还加入天然气脱水工艺。

1)单井(常温)采气流程

单井(常温)采气流程如图6-1所示,用来对天然气进行加热、调压、分离、计量、放空等的所有设备和仪表,都直接安装在气井井场上。

(1)工艺过程。

从气井采出的天然气,经采气树节流阀调压后进入加热设备加热(如水套炉)升温,升温后的天然气再一次经节流阀降压至系统设定压力后进入分离器,在分离器中除去液体和固体杂质,天然气从分离器顶部出口输出后进入计量管段,经计量装置计量后,进入集气支线输出。分离出的液(固)体从分离器下部进入计量罐计量,再分别排入油罐和污水池中。污水经集中处理后,直接排放或回注到底层。

由于单井站各工艺设备区压力等级不同,为保证采气安全,在工艺设备各压力区(高压、中压、低压)分别安装有安全阀和放空阀,一旦设备超压,安全阀会自动开启泄压,同时启动井口自动切断系统,切断井口气源。对含硫化氢等腐蚀性气体较高的气井,在井口装有缓蚀剂注入装置,以便定期向井内注入缓蚀剂。在冬季气温较低时,为防止水合物堵塞管线,可采用泵注等方式向管道中加注防冻剂。在气井生产后期还可采取泡沫排水采气工艺进行生产,即向井筒内加注起泡剂,同时在分离器前加注消泡剂,以带出井筒积液并使其及时分离排除。

(2)单井(常温)采气流程的应用。

单井(常温)采气流程适用于气田中边远地区的气井。边远地区一般井数较少,如果用多井集输采气,集气支线长,耗费管材多。

该流程适用于产水量大的气水同产井采气。产水量大的气井必须就地将水分离后输出,如果气水两相混输,输气阻力增大,导致井口压力升高,产气量下降,严重时可能把气井"憋死",以致水淹停产。同时,气水混输还会加快管线腐蚀。

该流程便于气田后期低压采气。由于气井井口压力低,气井生产受到集气干线压力影响,单井采气便于气井生产后期增压开采,保持产气稳定。

2)多井(常温)采气流程

把几口单井的采气流程集中在气田某一适当位置进行集中采气和管理的流程,称为多井集气流程,具有这种流程的站称为集气站。

(1)工艺流程。

在该井场流程中,每口气井除井口装置外,其他设备及仪表都集中安装在集气站。在集气站内实现对所有气井的生产调节和控制,如分离气体中的杂质、收集凝析油、防止水合物形成、测量气量和液量等。每口气井用高压管线同集气站连接起来,任一口井的天然气进到集气站后,首先经过加热,使天然气温度提高到预定的温度,再经过节流阀调到规定的压力值,然后再通过分离器将天然气中的固体颗粒、水滴和少量的凝析油脱除后,经孔板流量计测得其流量,进入汇管,最后进入输气管线。

集气站的集气流程一般包括加热—降压—分离—计量四部分。其中,加热设备根据各单井的进站压力确定是否加热,当进站压力较低,在节流过程中不形成水合物时,集气站内的集气流程可简化为节流—分离—计量三部分,然后进入汇管输出。根据气井分布和各单井的开采要求,流程可进行不同的组合。图6-2为目前气田开采中采用较多的流程。多井集气流程的设备、仪表较为集中,在集气站就可以实现对气井自动化管理。

(2)多井(常温)集气流程的优点。

①管理集中,方便气量调节和自动控制;

②减少管理人员,节约管理费用;

③实现水、电、汽和加热设备的一机多用,节约采气生产成本。

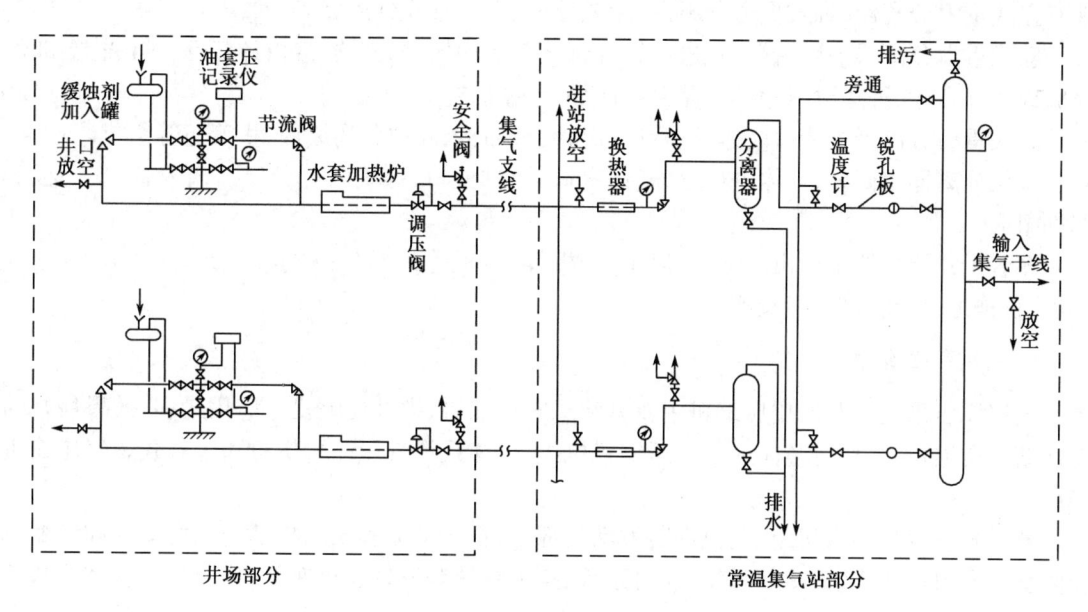

图 6-2 多井(常温)采气流程

二、采气生产主要设备

1. 采气井口装置

采气井口装置主要由套管头、油管头和采气树三部分组成。井口装置在气井生产中,主要作用有:悬挂下乳井中的油管柱;提供密封套管和油管之间的环形空间;连接井下套管,承托下入油气井中的各层套管柱;控制气井的开关井以及调节气井的压力和产量大小;通过油管或套管环形空间进行采气、压井、洗井、酸化、加缓蚀剂等作业。

2. 天然气加热炉

天然气从气井采出后,经过节流阀或调压阀时,由于节流差压较大,气体绝热膨胀,温度将急剧下降,在节流处可能生成水合物堵塞管道,影响正常生产。为防止水合物的生成,广泛采用常压水套式加热炉(简称水套炉)对天然气进行加热,以提高节流阀的气流温度,使节流后的气流温度高于该压力下的水合物形成温度。

3. 分离器

从气井产出的天然气中往往含有液体和固体杂质,液体杂质有水和油,固体杂质有泥沙、岩石颗粒等,这些杂质如不及时除掉,会对采气、输气、脱硫和用户带来较大危害,影响生产正常进行,其中主要危害有:增加输气阻力,使管线输送压力下降;含硫地层水对管线和采气设备的腐蚀;天然气中的固体杂质在高速流动时对管壁的冲蚀;导致天然气流量测量不准。综上,天然气从井底产出后,节流降压后必须进行气液分离。

分离设备要求简单可靠、分离效率高,避免安装需经常更换或清洗的部件,天然气通过分离设备时,压力损失也不能过大。分离器是分离天然气中液(固)杂质的重要设备,按其作用原理有立式重力分离器、卧式重力分离器、旋风分离器、多管式分离器等。

立式重力分离器一般由筒体、进口管、出口管、防冲板、捕雾器、液位计接管、排污管等部件组成或由分离段、沉降段、除雾段、储存段四部分组成。

卧式重力分离器主要由筒体、进管口、出管口、挡板、高效分离原件、积液包等组成。

旋风分离器由筒体、气体进口管、气体出口管、排液口、螺旋叶片、锥形管、内管、支持板等部件组成。

多管干式除尘器主要由筒体、旋风子、隔板、破旋板等几部分组成,其上设有气体入口、气体出口、排污口、注水口、清掏孔。

4.天然气压缩机

气田增压采气工艺所用压缩机主要有活塞式压缩机、螺杆压缩机。应用最多,效果最好的是活塞式压缩机,主要有整体式燃气压缩机机组、分体式燃气压缩机机组和车载式燃气压缩机机组。

整体式燃气压缩机机组主要包括:发动机部分、机身部分和压缩机部分。发动机和压缩机及配套的燃料供给系统、冷却系统、润滑系统、点火系统等安装在机座上,构成一台整体式橇装机组。其仪表控制系统简单可靠。

分体式天然气压缩机组的发动机和压缩机各用一根曲轴,各用一个机身。机组主要由天然气发动机、天然气压缩机、联轴器、冷却器、压缩机进气分离器、进气和排气缓冲罐、控制柜、消声器、膨胀水箱、补充油箱、油加热器、底座等组成。

车载式燃气压缩机机组是将高速分体式燃气压缩机安装在拖车上,并配备压缩机进出口连接软管及连接头等快装管件,其具有机组结构紧凑、体积小、重量轻等特点,作业机动性大,特别适用于气井分散而作业时间较短的气井排水作业,经济实用。图6-3为天然气压缩机外形图。

图6-3 天然气压缩机

5.三甘醇脱水装置

天然气吸收法脱水装置中最广泛应用的吸收剂是三甘醇。三甘醇脱水装置主要由聚结过滤分离器、吸收塔、气体-贫三甘醇换热器、闪蒸罐、颗粒过滤器、活性炭过滤器、贫富液换热器、缓冲罐、燃料气缓冲罐、甘醇循环泵、三甘醇储罐等组成。脱水装置配有应急连锁控制回路,控制系统的RTU对现场采集来的信号(压力、液位、温度等)进行运行处理后,上传到上位计算机,同时RTU通过程序实现逻辑联锁。图6-4为三甘醇脱水工艺流程图。

三、采气井口装置监控要求

采气井口装置(图6-5)相对采油井口装置要简单得多,由于采气井都是自喷采气,天然气压力相对较高。井口装置监控内容:

(1)井口套压;

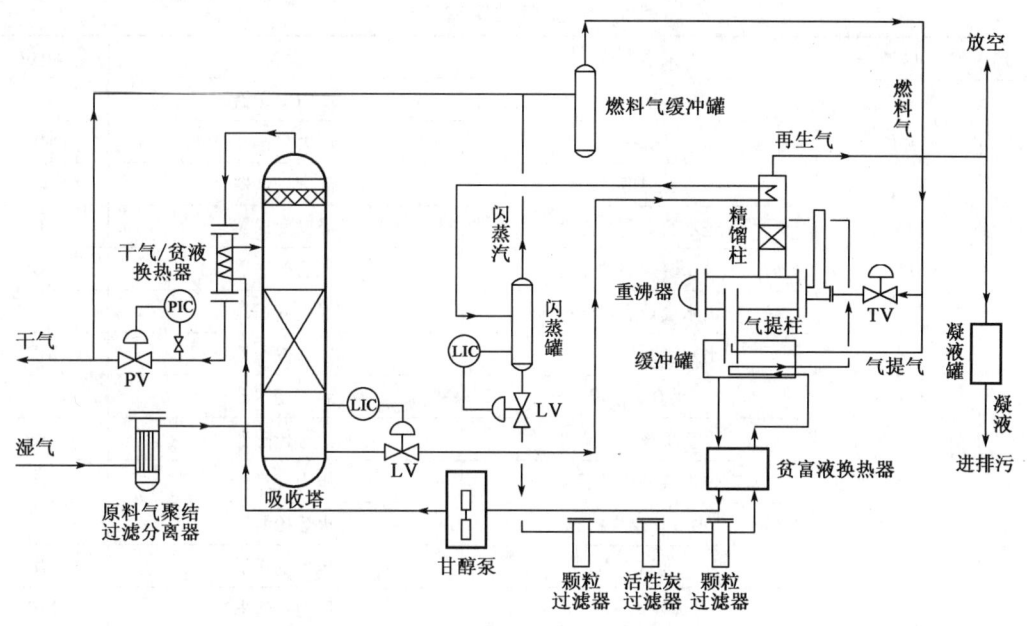

图 6-4　三甘醇脱水工艺流程

(2) 油压；
(3) 外输压力；
(4) 外输温度；
(5) 标况瞬时流量；
(6) 紧急切断阀状态监控；
(7) 电子巡井。

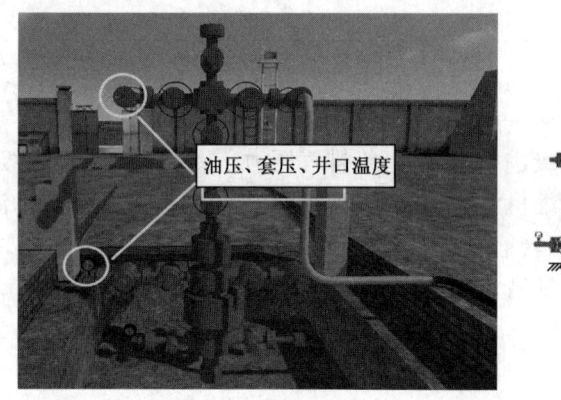

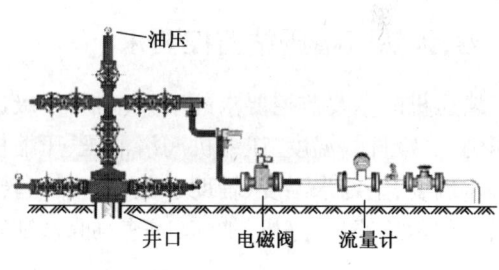

图 6-5　采气井口数据采集示意图

四、采气井站监控要求

采气井站主要实现站内井口、水套炉、分离器、污水罐、计量装置等运行参数采集及可燃气体探测器参数采集，即实现站内主要设备运行参数的自动采集传输。集气站采集参数如表 6-1 所示。

表 6-1 集气站采集参数表

序号	区域	采集参数	设备	单位
1	井口	油压	压力变送器	MPa
		套压	压力变送器	MPa
		温度	温度变送器	℃
2	水套炉	进水套炉前端温度	温度变送器	℃
		进水套炉前端压力	压力变送器	MPa
		出水套炉后端温度	温度变送器	℃
		出水套炉后端压力	压力变送器	MPa
		水套炉水温	温度变送器	℃
		水套炉液位计高度	液位传感器	m
		水套炉供气调压阀后端压力	压力变送器	MPa
		水套炉燃烧状态	火焰探测器	%
3	分离器	进站压力	压力变送器	MPa
		分离器本体压力	压力变送器	MPa
		分离器液位计高度	液位传感器	m
		出站阀组压力	压力变送器	MPa
4	计量	压力	压力变送器	MPa
		差压	压力变送器	KPa
		温度	温度变送器	℃
5	污水罐	污水罐液位计高度	液位传感器	m
6	可燃气体检测	可燃气体检测仪	报警控制器	
		可燃气体报警器	室外探测器	

五、天然气增压站监控要求

增压机的主要监控要求的参数包括：一级进气压力、一级排气压力、一级排气温度、二级排气压力、二级排气温度、压缩机润滑油压、压缩机润滑油温、发动机润滑油压、发动机润滑油温、夹套水温度、中冷水温度(辅助水温度)、机组转速、排烟总管温度、机组累计运行时间。主要控制机组的紧急停机、停机、加速、减速、加载、卸载。图 6-6 为增压机组参数采集示意图。

六、天然气脱水站监控要求

TEG 脱水装置采用可编程控制器(PLC)对橇的工艺参数和设备进行数据采集、监视、控制，并进行显示、报警及运行参数的设定。图 6-7 为脱水站站控系统参数采集示意图，主要监控内容为：

(1)对进口装置的原料气压力、温度进行检测；
(2)对干气出口压力进行检测和控制，对干气出口温度进行检测；
(3)对吸收塔底部液位、吸收塔差压进行检测和报警输出；

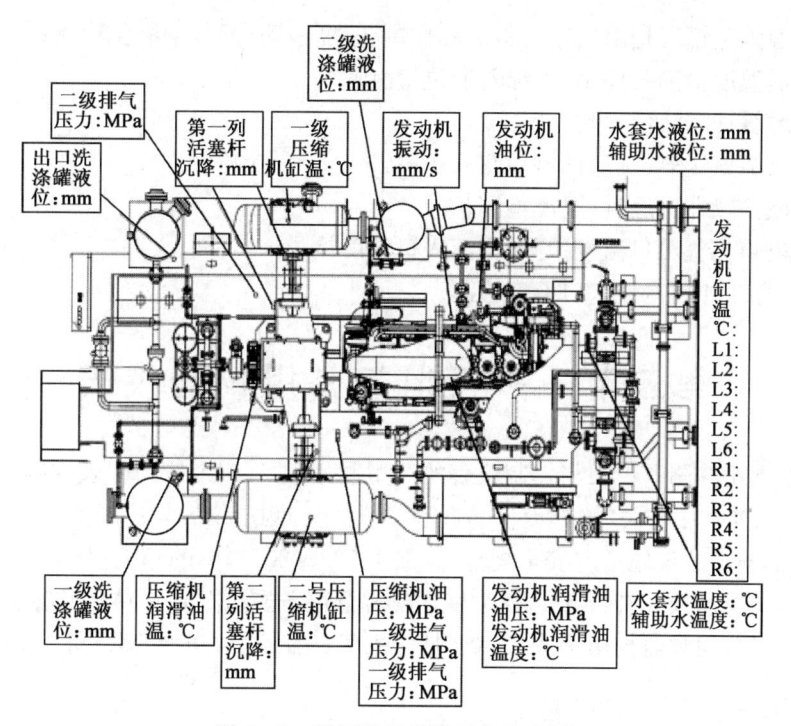

第六章 天然气田生产数据采集与工况监控

图6-6 增压机组参数采集示意图

聚结过滤分离器差压	●				PDG-0101	≤0.1MPa
聚结过滤分离器初分段液位	●	●	●	●	LIA-0102、LICA-0101	控制液位为300mm,高报警为400mm,低报警为150mm
聚结过滤分离器过滤段液位	●	●		●	LG-0101	控制液位为300mm,高报警为400mm,低报警为150mm
进吸收塔原料气温度	●	●			TG-0101、T1-0101	25~42℃
进吸收塔原料气压力	●	●		●	PIA-0101	2.1~3.5MPa
吸收塔压力保护					PSV-101	定压:3.9MPaG
吸收塔底部液位	●	●		●	LIA-0110	控制液位为500mm,高报警为800mm,低报警为200mm
吸收塔甘醇段液位	●	●	●	●	LIA-0103、LICA-0102	阀LV-0102调节稳定吸收塔甘醇液位稳定350mm

图6-7 脱水站站控系统参数采集示意图

— 131 —

(4)三甘醇闪蒸罐气相出口压力检测和控制、温度检测,闪蒸罐液位检测;
(5)重沸器温度检测及控制,重沸器液位检测;
(6)三甘醇缓冲罐液位检测;
(7)汽提气流量、燃气流量计量检测;
(8)贫富液换热器进、出口温度检测;
(9)精馏塔再生气出口温度检测,富液入口温度检测;
(10)三甘醇缓冲罐富液入口温度检测。

第二节 采气监控常用仪器仪表

采气监控常用的测量仪表与控制仪表的选型遵守《油气田及管道仪表控制系统设计规范》(SY/T 0090—2006)中有关"测控设备的选型"的规定。测量仪表与控制仪表等设备的防雷措施应符合《石油与石油设施雷电安全规范》(GB 15599—2009)中的相关规定。

主要使用的仪器仪表有:RTU、压力变送器、温度变送器、井口一体化数据采集终端、液位仪表、流量积算仪、视频监控摄像头、无线网桥、机房及监控中心的配套设备。

一、气田一体化采集设备

1. 井口一体化数据采集终端

井口一体化数据采集终端将压力变送器、温度传感器、太阳能电源、无线通信模块集成为一体,包括数据采集终端(测量天然气井油管压力、温度)、无线压力传感器(测量天然气井套管压力,通过无线方式接入采集终端),实现边远无电源天然气井的油压、套压、油温的自动测量及数据传输功能。图6-8是井口一体化数据采集终端外观示意图。

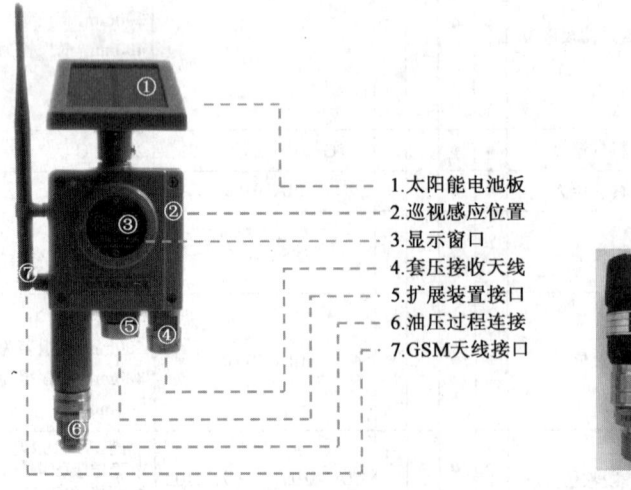

图6-8 井口一体化数据采集终端外观示意图

井口一体化数据采集终端压力传感器的测量原理为电容式、单晶硅谐振式或压阻式。压力测量范围达 0~60MPa,量程可定制。变送器测量精度要优于满量程的±0.5%,信号分辨率应优于 0.025%。其中井口一体化气井数据采集终端测量 2 路压力信号,油压测量与终端一体,套压通过无线方式接入终端。阀室一体化气井数据采集终端测量 1 路压力信号,压力测量与终端一体。

井口一体化气井数据采集终端的太阳能电池板与终端集成在一起,长期工作续航能力不小于 12 个月,集成 GPRS/CDMA 无线通信模块和传输全向天线,可将采集数据和电池电量信息通过无线网络上传至数据中心。

终端配套液晶显示屏,可就地显示测量参数和电池电量、通信状态等信息。终端液晶显示器可在巡检人员巡视时开启,其他时段自动关闭以节省电源消耗。变送器具有自诊断功能,并具有越限、参数突变报警的功能。

1)主要功能和特点
(1)结构小巧,安装、维护方便快捷;
(2)工业级产品设计,性能稳定可靠;
(3)数据采集及时、准确,降低人工成本;
(4)异常实时报警,确保运营安全;
(5)套压信号采用无线方式传输和加装四通阀门,方便施工作业。

2)主要技术指标
(1)压力测量范围:(0~150)MPa 可选;
(2)油压测量精度:0.25%F.S;
(3)温度测量范围:-50~125 ℃;
(4)量信号:2 路压力信号,1 路温度信号;
(5)套压测量精度:±0.5%F.S;
(6)使用环境:相对湿度<95%;
(7)环境温度:-40~70℃;
(8)供电方式:3.7V 锂电池组+太阳能电池板;
(9)推荐校准周期:1 年;
(10)无线通信:GPRS/CDMA/BLUETOOTH;
(11)通信距离:视网络环境而定。

2. 天然气流量积算仪

天然气流量积算仪是配合标准孔板节流装置使用一体化天然气流量计。以高精度单晶硅谐振式复合传感器为测量元件,在外观结构上与流量积算器、显示器、键盘、电源、通信接口等部件融为一体,通过自动测量流体的差压、压力、温度并作温压补偿,按国标 GB/T 21446—2008《用标准孔板流量计测量天然气流量》自动计算天然气流量,并就地显示、储存和上传计量结果。流量积算仪设备示意图如图 6-9 所示。图 6-10 为孔板式流量积算仪安装示意图。

图 6-9　流量积算仪设备示意图　　图 6-10　孔板式流量积算仪安装示意图

流量积算仪是基于微处理器的智能型仪表,选用 32bit 或 64bit 的微处理器,其内存的容量至为 4MB 以上,满足流量计算及数据存储的要求。计算软件含有多种可选择的商贸计量标准,通过简单的组态或选项进行计量标准选择并锁定。正常计算时,不应受其他计量标准的影响。根据流量计的类型选择有关计算标准,AGA3、ISO5167、GB/T 21446 等。根据选用的相关标准,完成标准体积流量(101.325kPa,20℃)、质量流量、能量流量等瞬时流量的计算和各自的累计流量计算;可存储不少于 90d 的累积流量、压力、温度、报警等数据资料;采用 LCD 显示方式,可任意选择显示内容,方便观察与操作。

1)主要功能和特点

(1)智能实时温压补偿;

(2)微功耗技术,电池供电;

(3)一体化结构,携带安装方便;

(4)单向过载能力强,无须三阀组;

(5)"一键式"示值校准,操作简单;

(6)报表日志记录完善,便于溯源;

(7)数字传感器,温度、静压影响忽略不计;

(8)远程多表联网,支持有线 RS485 和无线 ZigBee 接口;

(9)差压量程宽,特别适合有高低峰用气时段的民用燃气计量;

(10)参数设置、在线检表、示值校准、报表日志查询不用 PC 机。

2)主要技术指标

(1)累计流量准确度:±0.02%;

(2)瞬时流量准确度:±0.05%;

(3)环境温度范围:−25~70℃;

(4)防爆类型:本安型;防爆标志:ExibⅡBT4;

(5)差压测量范围:(0~100)kPa,准确度:±0.2%F.S;

(6)压力测量范围:(0~20)MPa,准确度:±0.2%F.S;

(7)温度测量范围:−30~70℃,准确度:±0.5℃。

二、油气田通用采集仪表

1. 压力变送器

变送器的传感元件是扩散硅力敏器件,无线通信采用 Zigbee 模块。敏感芯片利用集成电路工艺,在晶体硅片上制成敏感压阻,组成惠斯通电桥,作为力电转换的敏感器件。当受到外力作用时,电桥失去平衡。当给桥路加一恒流激励电源时,可以将压力信号线性地转换成毫伏级电压信号,经放大转换成数字信号,再由无线模块发送到上位机。

压力变送器分为有线压力传感器和无线压力传感器,压力传感器通信方式与 RTU 的通信方式、传输协议保持一致。具有低功耗设计,睡眠、时间突发唤醒自动切换;防震、防雷、防潮、防热、防有害气体的功能;LCD 显示;防爆设计等功能。

测量范围:(0~2.5)MPa、(0~8)MPa、(0~16)MPa、(0~30)MPa、(0~70)MPa。

测量精度:≤±0.5%F.S.。

测量介质:原油、水、天然气。

输出信号类型:无线 ZigBee 通信、(4~20)mA、RS485。

绝缘电阻:绝缘电阻>40MΩ。

工作电源:3.6V 锂电池供电,传输间隔 10min 可用 3 年。

湿度:5%RH~95%,温度:-30~45℃。

防爆等级:ExibⅡCT4。

防护等级:IP54。

过程接口:M20mm×1.5mm。

2. 差压变送器

差压变送器采用工业应用设计,适用于液体、蒸汽和气体的压力和差压测量,采用全隔离智能转换和数字补偿技术,具备较高的抗干扰能力和极高的测量精度,测量范围满足现场工况要求。

测量范围:(0~1)kPa、(0~10)kPa、(0~60)kPa、(0~100)kPa、(0~500)kPa、(0~2)MPa(可选)。

测量精度:≤±0.05%。

测量介质:原油、水、天然气。

输出信号类型:(4~20)mA、RS485。

绝缘电阻:绝缘电阻>40MΩ。

工作电源:(16.4~36)V DC。

湿度:5%RH~95%,温度:-30~45℃。

防爆等级:ExibⅡCT4。

防护等级:IP54。

过程接口:M20mm×1.5mm。

3. 温度变送器

温度变送器采用专用温度模块,可对各种型号热电偶、电阻进行线性修正,输出标准信号。

外壳采用压铸和不锈钢结构,零位,量程可连续调节。可在恶劣的环境下使用。

温度变送器分为有线温度传感器和无线温度传感器,温度传感器通讯方式与RTU的通讯方式、传输协议保持一致。具有防震、防雷、防潮、防热、防有害气体的功能;采用全金属外壳设计,与外界高压环境成等电位,形成电屏蔽,可在强电磁场环境下稳定工作;低功耗设计,睡眠、时间突发唤醒自动切换;具有参数修改和标定功能。

测量范围:(-30~100)℃、(0~150)℃、(0~300)℃(可选)。

测量精度:≤±0.5%F.S.。

测量介质:原油、水、天然气。

输出信号类型:无线ZigBee通信、(4~20)mA、RS485。

绝缘电阻:绝缘电阻>40MΩ。

工作电源:3.6V锂电池供电,传输间隔10min可用3年。

湿度:5%~95% RH,温度:-30~45℃。

防爆等级:ExibⅡCT4。

防护等级:IP54。

过程接口:$M20mm \times 1.5mm$。

4. 采气井站智能采集终端(RTU)

采气井站智能采集终端(RTU),即远程测控终端,是油气生产信息化现场采集控制的核心设备,SCADA系统通过RTU实现对现场仪表的实时监测、远程控制、远程调参;实现油气田生产的统一调度和智能化管理。

采气井站智能采集终端(RTU)针对气井专门设计开发,采用采气井标准化点表设计,集成流量计算功能。

5. 磁翻板液位计

磁翻板液位计主要安装在分离器及污水罐等卧式罐体上,用于实时监测罐体液位。液位计主要由本体部分、就地指示器、远传变送器以及上、下限报警器四部分组成。液位计通过与工艺容器相连的筒体内浮子随液面(或界面)上下移动,由浮子内的磁钢利用磁耦合原理驱动磁性翻板指示器,用红蓝两色(液红气蓝)明显直观地指示出工艺容器内的液位或界位(图6-11)。

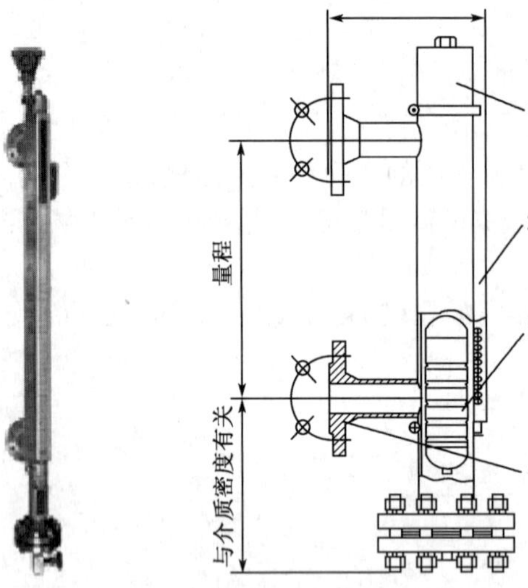

图6-11 磁翻板液位计设备示意图
1—本体;2—就地指示器;3—浮子;4—法兰

第七章　视频监控系统

视频监控系统是利用视频技术探测、监视设防区域,实时显示、记录现场图像,检索和显示历史图像的电子系统或网络系统。视频监控系统用于实时监视重要场所情况变化、重要设备运行情况等,在一定程度上替代了人的作用,在某些高危场所安装摄像机可以大大降低作业的风险性。油田视频监控系统主要负责对油田进行视频监控,同时通过高清视频将图像采集到监控中心,为智能分析服务器提供数据源,同时能与其他系统进行报警联动,满足生产运行对安全、巡视的要求。

第一节　视频监控系统的发展

视频监控系统发展了短短二十几年时间,从最早模拟监控到前些年火热数字监控再到现在方兴未艾的网络视频监控,发生了翻天覆地的变化。视频监控系统分为三大类型:模拟视频监控系统、数字视频监控系统、网络视频监控系统。

一、模拟视频监控系统

在20世纪90年代以前,主要是以模拟设备为主的闭路电视监控系统,称为第一代模拟视频监控系统。模拟视频监控系统由模拟摄像机、云台、视频分配器、矩阵、控制码转换器、控制键盘、卡带录像机和显示设备等组成。前端模拟摄像机采集图像,通过传输设备将信号传至中控室进行实时显示及录像。图像信息采用视频电缆,以模拟方式传输,传输距离较短,主要应用于小范围内的监控,监控图像一般只能在控制中心查看。模拟视频监控系统的主要特点是成本低、系统技术及产品相对成熟;缺点是图像清晰度低,录像数据量较大,且受录像带容量限制,录像质量不高。

二、数字视频监控系统

在20世纪90年代中期,基于Windows的数字视频监控系统随着视频编解码器技术的发展而产生。数字视频监控系统具有数字硬盘录像机(DVR)为核心的半模拟—半数字化的结构,由模拟视频监控前后端设备、硬盘录像机、视频服务器、字符叠加器以及相关软件平台等组成。系统在远端安装若干个摄像机及其他告警探头,通过视频线汇接到监控中心的工控机或硬盘录像机,并且在显示器上显示监控图像。同时,工控机或硬盘录像机配合交换机及相关软件使局域网内其他用户监控图像。数字视频监控系统的主要特点是兼具模拟视频监控系统功能,录像质量和容量大幅提升,同时可实现视频图像网络传输和访问管理;缺点是图像清晰度和录像质量较低,布线结构方式也较为复杂,系统稳定性较差,可靠性不高,需要多人值守,软件开放性差,图像传输距离有限等。

三、网络视频监控系统

在21世纪初,随着宽带网络技术和带宽的大大提高,以及数字处理技术和视音频编解码效率的改进,视频监控系统正在步入全数字大网络化的全新阶段。网络化视频监控系统中所有的设备都以IP地址来识别和相互通信,采用通用的TCP/IP协议进行图像、语音和数据的传输和切换。该系统优势是摄像机内置Web服务器,并直接提供以太网端口。这些摄像机生成JPEG或MPEG4数据文件,可供任何经授权客户机从网络中任何位置访问、监视、记录并打印,而不是生成连续模拟视频信号形式图像。系统前端采用数字摄像机,图像信号通过网络送至控制室,系统挂接磁盘阵列,进行图像信息存储。用户通过操作软件调看视频图像。前端摄像机可插SD卡进行前端存储,当摄像机检测到网络传输中断时,可自行在前端SD卡进行录像工作。由电信运营商建设的运营级网络视频监控平台不再受地域的限制,真正做到了"天涯若比邻"。不再受规模的束缚,系统具有强大的无缝扩展能力。不再受资金的困扰,业务支持多种建设模式。该系统具有以下特点:

(1)简便性。

摄像机通过经济高效有线或者无线以太网简单连接到网络,能够利用现有局域网基础设施。

(2)强大中心控制。

一台工业标准服务器和一套控制管理应用软件就可运行整个监控系统。

(3)易于升级。

系统可以轻松添加更多摄像机,中心服务器能够方便升级到更快速处理器、更大容量磁盘驱动器以及更大带宽等。

(4)全面远程监视。

任何经授权客户机都可直接访问任意摄像机,也可通过中央服务器访问监视图像。

(5)坚固冗余存储器。

可同时利用SCSI、RAID以及磁带备份存储技术永久保护监视图像不受硬盘驱动器故障影响。

(6)带宽高。

因图像清晰度较高,所以对带宽要求很高。

未来视频监控系统发展的整体方向是:数字化、智能化、自动化、网络化。网络化是监控系统的大势所趋,它大大地简化和提高了信息传递的方式和速度。随着网络技术和计算机技术的不断发展以及市场应用环境的逐步成熟,基于视频交换技术的网络视频监控系统已经成为监控系统发展方向。可以预计,网络视频监控系统凭借其远距离监控,良好的扩充性和可管理性,易于与其他系统进行集成等其他监控系统所无法企及的优势,最终将完全取代模拟视频监控系统,成为监控系统的新标准。

第二节 视频监控系统的组成与功能

油田视频监控范围涵盖各类井场、场站、办公区、生活区等,普遍具有智能行为分析功能。井场视频监控系统包括一体化摄像机、智能分析视频服务器、辅助照明灯及扬声器等设备,实现井场视频图像的实时采集与传送,以及语音报警等功能。视频监控系统一般由前端部分、传输部分、记录控制以及显示部分四大块组成。系统实现了前端设备联动和后端平台联动,并支持多级级联。系统的组成框图如图7-1所示。

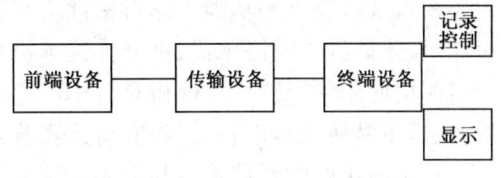

图7-1 视频监控系统的组成框图

一、系统的组成

1.前端部分

视频监控系统的前端采集部分完成对视频信号的获取。它包括一台或多台摄像机以及与之配套的镜头、云台、防护罩、云镜解码器、红外灯、语音采集、报警探测器等设备,完成图像信息、语音信息、报警信息和状态信息的采集。摄像机通过内置CCD及辅助电路将现场情况拍摄成为模拟/数字视频信号,传输至监控系统。电动变焦镜头可将拍摄场景拉近、推远,并实现光圈、调焦等光学调整。云台、防护罩给摄像机和镜头提供了适宜的工作环境,并可实现拍摄角度的水平和垂直调整。解码器是云台、镜头控制的核心设备,通过它可实现使用微机接口经过软件控制镜头、云台。目前,大范围区域监控一般选用红外热像仪监控摄像头,它的覆盖范围为1500m,小范围盲点监控搭配高清摄像机。

在视频监控系统中,摄像机又称摄像头或CCD(Charge Coupled Device)即电荷耦合器件。严格来说,摄像机是摄像头和镜头的总称,而实际上,现在很多摄像机在出厂的时候,摄像头和镜头是组装好的。当然,摄像头与镜头也可以分开购买,用户根据目标物体的大小和摄像头与物体的距离,通过计算得到镜头的焦距,然后根据焦距配置合适的镜头。以下介绍几种油田常用的摄像机(摄像机型号均以海康威视产品为例)。

1)枪机

枪机价格便宜,不具备旋转功能,只能完成固定距离角度的监视、隐蔽性差,需要配合支架安装,广泛适用于各种室内外固定位置监控的场景。油田用红外枪机 130×10^4 像素,30m红外和50m红外两种型号,镜头4mm、6mm、8mm、12mm可选,如图7-2(a)所示。

2)半球形摄像机

半球形摄像机具有一定的隐蔽性,外形小巧、美观,可吊装在天花板上,无须另外配支架,安装简单。根据使用环境的不同,又分为室内半球和室内宽动态半球。

(1)室内半球。

室内半球如图7-2(b)所示。130×10^4 像素,红外照射距离20m,镜头2.7～9mm手动调节,宽动态范围120dB,适用于各种室内环境。

(2)室内宽动态半球。

室内宽动态半球如图7-2(c)所示。130×10^4 像素,红外照射距离30m,镜头2.8mm、4mm、6mm、12mm可选,适用于室内环境、门厅等背光较强的场景。

3)球形摄像机

球形摄像机集一体机化摄像机和云台于一身的设备,另外具有快速跟踪、360°水平旋转、无监视盲区等特点和功能。球形摄像机包含有智能高速球机、室外红外高速球机、室外红外中速球机、迷你红外网络球机、室外高速球机和防爆球机等。

油田使用的智能高速球机具有 $130×10^4$ 像素,18 倍光学变焦,80m 红外灯,内置智能分析算法,报警输入输出各 2 路,支持语音输入输出,如图 7-2(d)所示。

油田使用的防爆高速球机具有 $130×10^4$ 像素,18 倍光学变焦,IP68 防护等级,防爆标志 ExdⅡCT6/DIP A20 TA,T6,316 不锈钢材质。

油田井场结合实际优选监控设备,根据监控区域大小及井场周边树木遮挡情况,分别采用 6m 金属杆、8m 金属杆、12m 水泥杆等,根据监控范围和功能需求不同,分别采用智能高速球机、中速球机、迷你球机等。

(a)枪机　　(b)室内半球　　(c)室内宽动态半球　　(d)智能高速球机

图 7-2　摄像机

4)热成像摄像机

普通摄像机通过可见光成像,受光照等环境限制,热成像摄像机通过红外热辐射成像,不受光照等环境限制,在识别伪装及隐蔽目标方面效果明显,在大雾、眩光、强尘、零光照等环境有显著应用效果。热成像摄像机广泛应用于森林防火、恶劣气候道路监控、机场港口监控、边防缉私、输油管道、电力枢纽、医疗卫生、人员搜救等领域。

油田对于偏远且较分散的监控点,采用人工建设高塔并在其上部署红外热成像仪的方式,对周围(3~5)km 内的油井进行监控摄像,尤其是夜晚监控。油田热成像仪安装实例如图 7-3 所示。

图 7-3　热成像仪安装实例图

2.传输部分

信号传输部分完成对前端音视频、控制与状态信号的传送。传输部分要求在前端摄像机摄录的图像进行实时传输,同时要求传输损耗小,传输质量可靠,图像在录像控制中心能够清晰还原显示。按照传输信号的类型,可分为数字和模拟两大类。常用的模拟传输媒介包括同轴电缆、模拟光纤、微波等线路类型;数字传输系统主要包括熟知的 TCP/IP 网络,线路类型包括双绞线、光纤、无线网络等。不论是数字或模拟传输系统,其成本、传输距离、传输能力各有不同。在实际工程中根据现场及用户需求采用。

由于油田的环境特殊,油井分布比较广而且比较分散,离监控中心距离非常远,若采用有线传输,则在施工布线、线路安全稳定方面都不能得到保障,因此采用无线微波传输是一种较为可行的方式。在每个监控点部署微波发射装置,把网络摄像机采集到的信号利用无线微波传输出去;每个生产队建设一个无线接收发射塔,负责接收各监控点的图像信息,再传输到管理区监控中心。

3. 后端部分

后端部分主要包括视频管理及存储设备,采用软硬件一体化设计,包含硬件服务器、操作系统及视频管理平台软件。主要功能模块包括设备管理、用户及权限管理、报警管理、流媒体转发、电视墙管理、存储管理等。该部分是视频监控系统的核心,它完成视频监视信号的数字采集、图像压缩、监控数据记录和检索、硬盘录像、给前端发送控制信息等功能。它的核心单元是采集、压缩、控制单元,它通道的可靠性、运算处理能力、录像检索的便利性直接影响到整个系统的性能。后端部分也是实现报警和录像记录进行联动的关键部分。

在油田视频监控系统中常用的视频管理及存储设备有嵌入式视频管理平台、智能分析主机、视频综合业务平台、CVR、网络硬盘录像机(NVR)等。

1)嵌入式视频管理平台

软硬件一体化设计,包含硬件服务器、操作系统及视频管理平台软件。主要功能模块包括设备管理、用户及权限管理、报警管理、流媒体转发、电视墙管理、存储管理等,如图7-4所示。

(1)嵌入式视频管理平台—S。

E3-1230 处理器,4GB 内存,双千兆网卡,1U 机架式机箱,150 路接入,100 路转发。

(2)嵌入式视频管理平台—M。

E5-2609 处理器,8GB 内存,双千兆网卡,2U 机架式机箱,300 路接入,150 路转发。

(3)嵌入式视频管理平台—L。

E5-2620 处理器×2,8GB 内存,双千兆网卡,2U 机架式机箱,500 路接入,200 路转发。

2)智能分析主机

软硬件一体化设计,包含硬件服务器、操作系统,及智能分析算法服务,分析规则包括穿越警戒线、区域入侵、非法停车、拿取/遗留物品、人员聚集和快速移动等,如图7-5所示。

图 7-4 嵌入式视频管理平台　　图 7-5 智能分析主机

3) 视频综合业务平台

参考 ATCA 标准设计,可以插入 10 块业务子板实现不同业务功能,内置 8 个千兆网络接口,实现二层网络交换机功能,业务板卡支持热插拔,双冗余电源设计。主要功能有插入 8 路 VGA 输入板,可以接入电脑信号;插入 8 路 DVI 输出板,可以对网络高清视频进行解码输出;支持大屏拼接、画面分割、开窗、漫游等;实现视频资源的矩阵切换功能,如图 7-6 所示。

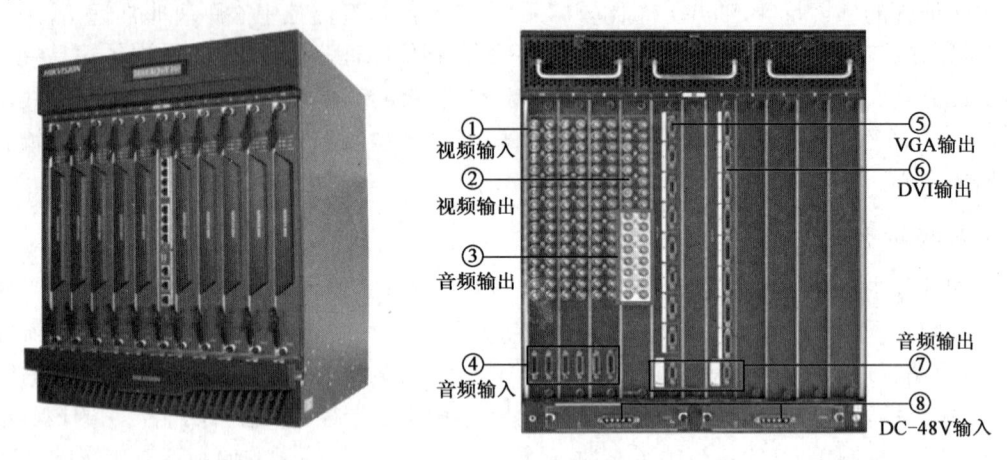

图 7-6 视频综合业务平台

4) 网络存储设备(CVR)

网络存储设备(CVR)用于中心集中式存储,提高存储效率,外形如图 7-7 所示。
(1) 采用流存储的方式,对前端摄像机的视频数据进行直接存储,无须服务器支持。
(2) 采用磁盘预分配技术,所有的数据连续存储,不产生磁盘碎片,提高读写效率。
(3) 支持抽帧存储和 N+1 冗余配置。
(4) 支持 RAID 0、RAID 1、RAID 5、RADI 10、Hot-Spare,双千兆网卡,支持网口绑定,64 位处理器,(2~16)GB 高速缓存,支持 SAS 扩展柜级连接。
(5) 根据容量大小的不同可分为 16 盘位、24 盘位、48 盘位。

5) 网络硬盘录像机(NVR)

网络硬盘录像机(NVR)用于前端分布式存储,NVR 外形如图 7-8 所示。

图 7-7 CVR 外形图　　　　图 7-8 NVR 外形图

嵌入式设计,性能稳定;专用视频存储管理设备,可靠、高效;兼容第三方标准码流设备接入;最大接入带宽 160MB,支持接入最高 500 像素视频;支持本地显示器,方便本地化管理。
(1) 16 路 NVR。
支持接入 16 路网络视频,最大接入带宽 80MB,可挂 8 块 4TB 以下的监控专用硬盘,双千兆网卡，支持跨网域部署。

(2)32路NVR。

支持接入32路网络视频，最大接入带宽160MB，可挂8块4TB以下的监控专用硬盘，双千兆网卡，支持跨网域部署。

4. 显示部分

显示部分一般由几台或多台监视器（或带视频输入的普通电视机）组成。也可采用矩阵+监视器的方式来组建电视墙。一个监视器显示多个图像，可切割显示或循环显示。目前采用的有等离子电视，液晶电视，背投，LED屏、DLP拼接屏等。

该部分完成在系统显示器或监视器屏幕上的实时监视信号显示和录像内容的回放及检索。系统支持多画面回放，所有通道同时录像，系统报警屏幕、声音提示等功能。它既兼容了传统电视监视墙一览无余的监控功能，又大大降低了值守人员的工作强度且提高了安全防卫的可靠性。终端显示部分实际上还完成了另外一项重要工作——控制，这种控制包括摄像机云台、镜头控制，报警控制，报警通知，自动、手动设防，防盗照明控制等功能，用户只需要在系统桌面单击鼠标即可完成操作。油田视频监控系统显示部分安装实例如图7-9所示。

图7-9 显示部分安装实例

1) 液晶拼接屏

用于管理区监控中心、厂级监控中心、局级监控中心等，组成拼接电视墙，提供监控视频、电脑图像、影像资料等的显示和展现。

采用三星原装A级液晶面板；采用LED直下式背光源，物理分辨率最高达到1920×1080 (1080P)；可视角178°，接近水平；使用寿命60000h；46in液晶拼接屏的物理拼缝5.5mm，55in液晶拼接屏的物理拼缝5.3mm，60in液晶拼接屏的物理拼缝6.5mm。

2) DLP拼接屏

用于管理区监控中心、厂级监控中心、局级监控中心等，组成拼接电视墙，提供监控视频、电脑图像、影像资料等的显示和展现。

工作分辨率1600×1200，亮度900~1600ANSI，灯泡寿命10000h，无缝拼接，有60in、67in、80in三种规格。

二、系统的功能

1. 智能分析

(1)前端智能分析球机可以做 10 个场景,每场景 8 个规则的智能分析。场景可以进行轮巡,适用于多井井场。

(2)智能算法可以自动屏蔽抽油机运动、树叶晃动等现象,减少误报。

(3)场景变化时,摄像机可以自动进行自学习,以适应场景内的重复运动。

(4)运用视频智能分析预警技术,当发现某种符合规则的行为(如人员长期徘徊等)时,对其进行识别,并生成绿色识别框,自动向监控人员发出报警提示,确保及时发现异常情况,如图 7-10 所示。

图 7-10 监控画面实例

(5)对于普通摄像机,可以采用智能分析主机进行后端智能分析,实现相同的功能。

2. 设备联动

(1)摄像机通过报警输出口,联动井场照明。可以通过手动操作实现开灯和关灯。当摄像机检测到井场有非法闯入时,可以自动联动打开井场照明。

(2)摄像机的报警输入口可以接入红外双鉴报警器。当报警器报警时,可以自动将摄像机镜头转到指定的预置位进行监控和录像,在夜间也可以联动井场照明,通常用于设备自保。

(3)也可以联动其他设备,例如高音警号。通过摄像机的音频输出口连接室外防水音柱,在监控中心查看视频的同时,可以打开音频,向井场喊话。

(4)必要时可以在摄像机的音频输入口上接入拾音器或者麦克风,实现双向语音对讲。

图 7-11 视频监控前端安装图

油田井场视频监控前端安装如图 7-11 所示。

3. 系统联动

SCADA 系统在进行远程启停井操作的时候，特别是启井操作时，通过 SCADA 界面点击视频按钮，在拼接电视墙的指定位置上可以马上联动弹出该井的视频监控画面。报警中心监控用计算机弹出电子地图并作报警记录，提示值班人员处理，视频监控系统产生的所有的报警信息，均可以同步发送到 SCADA 系统中。系统联动画面如图 7-12 所示。

4. 卡口车牌抓拍识别

卡口车牌抓拍识别系统利用先进的光电、计算机、图像处理、模式识别、远程数据访问等技术，对监控路面过往的每一辆机动车的前部物证图像和车辆全景进行连续全天候实时记录。

系统包括一套抓拍单元和 2 个闪光灯，300×10^4 像素抓拍机，内置补光灯，监控 2 条车道，视频帧率 25 帧/s。油田安装实例如图 7-13 所示。

图 7-12 系统联动画面　　图 7-13 油田安装实例

系统采用视频触发，内置车牌捕获和识别算法。车牌自动识别系统能识别车牌照的汉字、字母、数字、颜色等信息，并且支持标准双层牌识别，能够全天候连续工作，适应白天、黑夜、雨雪天气环境。卡口车牌抓拍识别系统组成示意图如图 7-14 所示。油田现场监控拍摄实例如图 7-15 所示。

图 7-14 卡口车牌抓拍识别系统组成示意图

5. 自动抽帧存储

为节省视频存储的硬盘空间，节约成本，在保存视频录像时采用抽帧存储的方式，即从连续的视频中，每秒只抽取一帧画面进行保存，大大节约了视频存储设备投入。

6.3G 移动监控

1）拉油车安全防范

(1) 在拉油车上安装车载监控系统，用统一平台管理起来，如图 7-16 所示。

(2) 通过 GPS 对拉油车进行精确定位及实时画面的监控，防止中途泄油的情况，车载设备可实现通过 Wifi 进行身份确认。

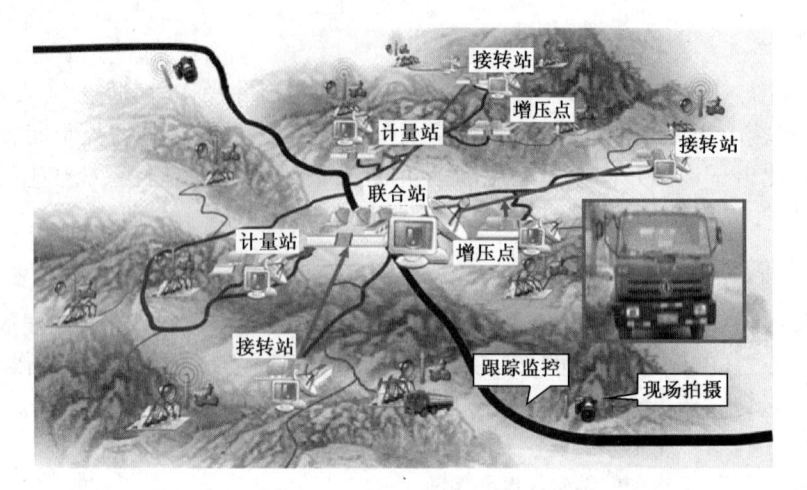

图 7-15 现场监控拍摄实例

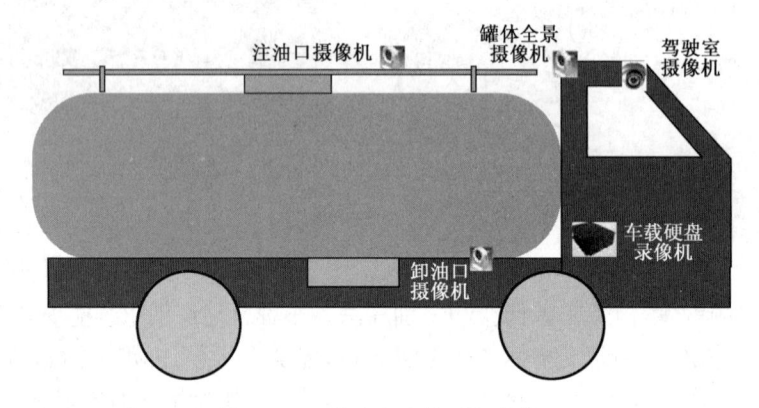

图 7-16 拉油车监控系统安装

2) 护矿车移动取证
(1) 在巡逻车上安装云台摄像机；
(2) 车内安装显示器、车载硬盘录像机、遥控器等，如图 7-17 所示。

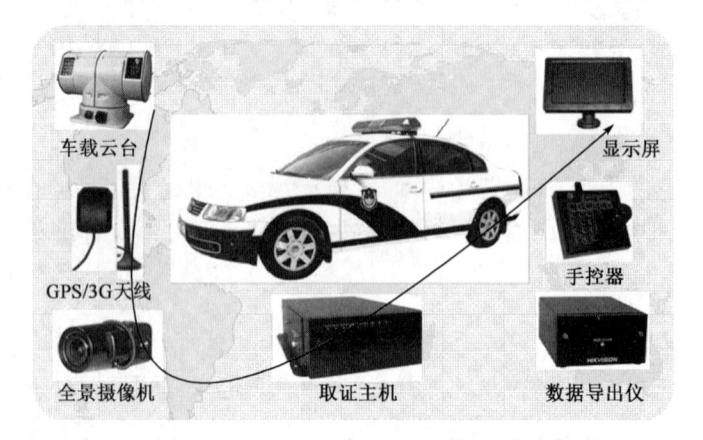

图 7-17 护矿车移动取证系统组成图

(3)支持 3G 网络和 Wifi 网络传输；

(4)内置 GPS 卫星定位模块,实时定位。

三、视频监控系统组成实例

1. 示范区视频监控系统组成

图 7-18 是胜利油田在信息化建设中五个示范区之一的史 127 示范区视频监控系统组成图。

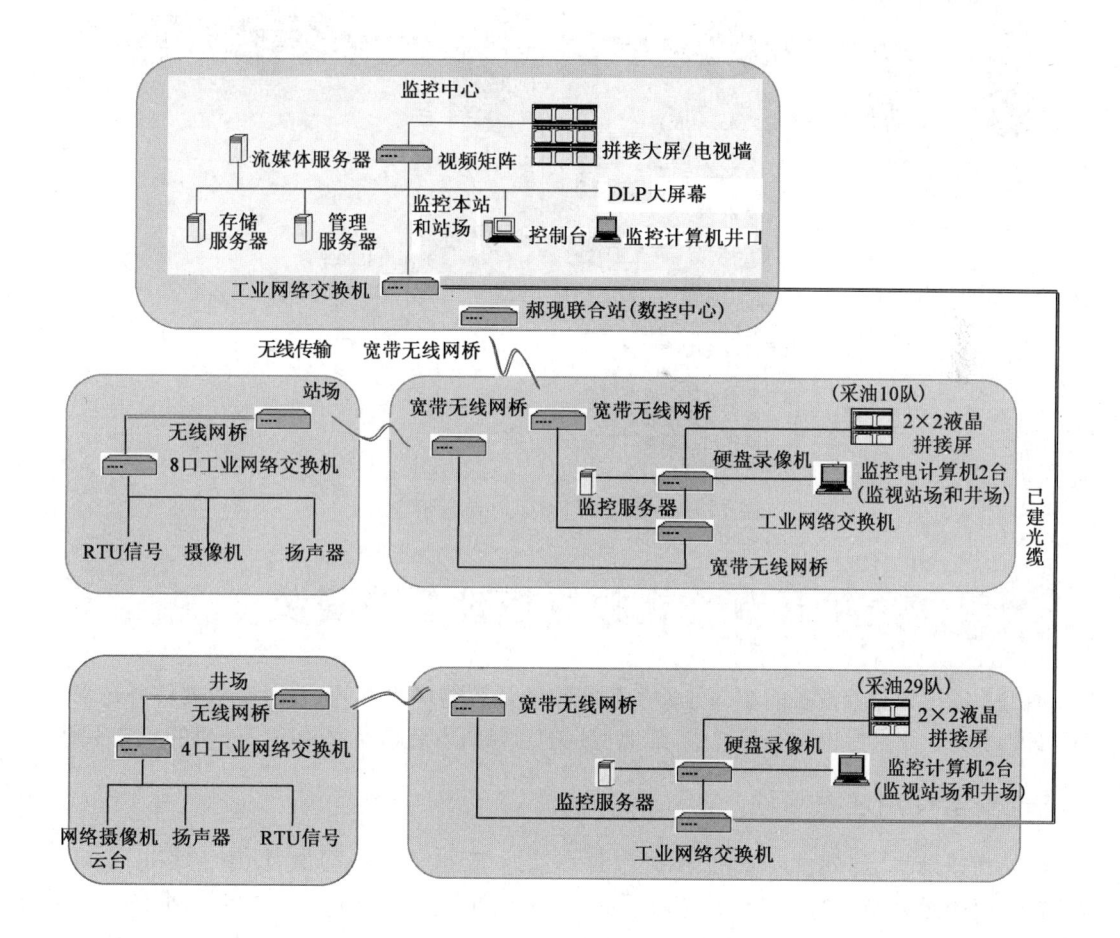

图 7-18　示范区视频监控系统组成

2. 示范区报警联动

图 7-19 是胜利油田在信息化建设中五个示范区之一的青东五示范区报警联动流程示意图。

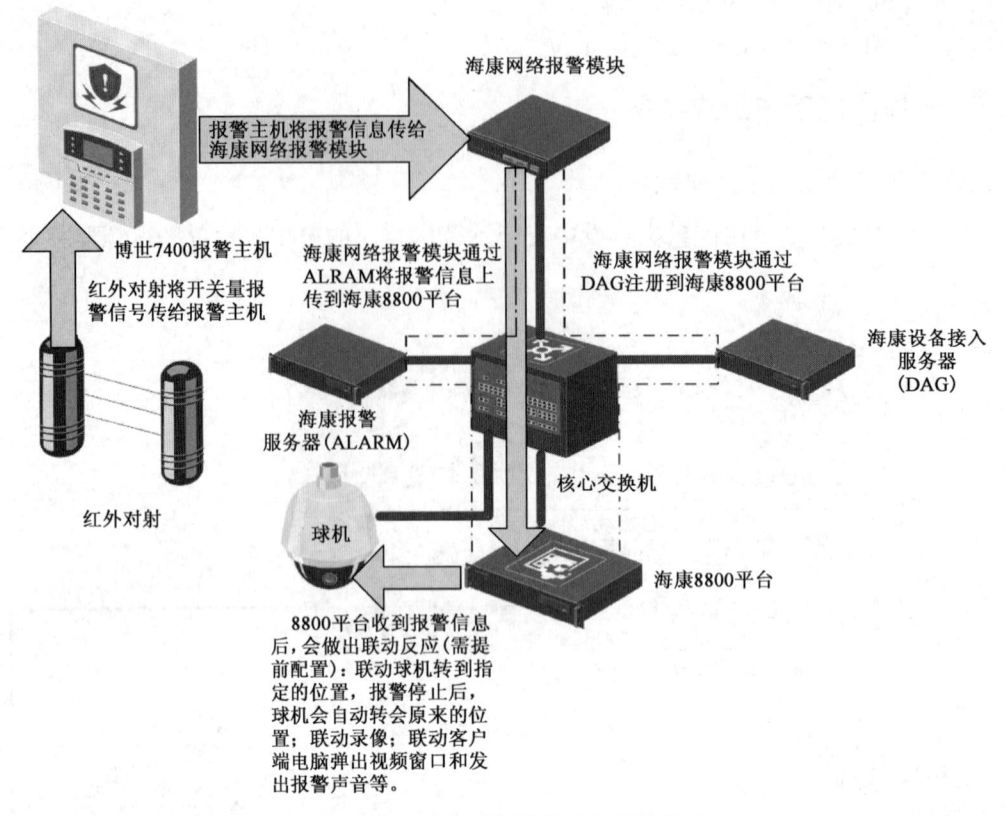

图 7-19　示范区报警联动流程示意图

第三节　视频监控设备的安装

油田井场视频监控设备前端部分大多数安装的是智能球机,下面以海康威视红外球形摄像机的安装为例介绍摄像机的安装过程,其他型号的摄像机安装请参考相应摄像机的安装手册。

一、安全使用注意事项

红外高速球机、红外夜视球机、室外红外高速球机、红外球形摄像机、IPC 球机,是目前视频监控系统中经常用到的前端图像采集设备,由于红外高速球机集成了球机控制、阵列红外灯供电与控制、一体化变焦机芯控制等多个功能模组,并且智能化功能也越来越丰富,完全是一个智能化的系统。因此,在安装红外高速球机时要认真阅读安全使用注意事项,以便能够快速轻松做好红外高速球机的安装与操作。

(1)拿到红外高速球机后,要记得整个过程都应轻拿轻放。

(2)安装过程中不能用手提红外高速球机的辫子线,红外高速球机的辫子线都是连在导电滑环的接口上,直接提辫子线,很容易出现接口不良的情况发生,最好的方法就是用双手托起智能球机。

(3)安装过程中不可采用集中供电的模式。如果采用集中供电,到达室外红外高速球机的电压有时会不足,特别是雷雨天气,电阻阻力加大,供电不足很可能会导致室外红外高速球机的主板烧掉,从而无法控制。

(4)接线时,切记分清 RS485 协议通信线和电源线,若是把 RS485 接到了电源上,智能球机可能当场就烧掉了,所以要认真看清标识,并保护好相关标识,方便日后维护。

(5)安装时,220V 电源线要接到球机附近,不要采用低压远传电源,球机配的电源适配器的线也不要延长,以免产生电压不足或电源干扰等问题。

(6)红外高速球机在室内环境使用和室外环境使用是完全不一样的。在室外安装的话,一定要进行严谨的防水处理。球机本身有防水,但安装时红外高速球机要与外界进行连接,结合部位置、结合方法设计不当、密封不好都有可能造成进水,特别是采用吊装安装或自制壁装支架安装时,一定要认真处理防水问题。

(7)安装红外高速球,选择合适的电源很重要。电源功率过小,达不到红外高速球机的额定功率工作,红外高速球机主控板的电容会持续放电,这样对红外高速球机的元器件会有所损害,缩短红外高速球机的寿命;同时,红外功率会达不到要求。电源功率过大,造成浪费,电源体积、重量也会较大,给安装带来不便。

(8)不要将多个摄像机连接至同一电源适配器(超过适配器负载量,可能会产生过多热量或导致火灾)。

(9)不要使物体摔落到摄像机上或大力振动摄像机,使摄像机远离存在磁场干扰的地点。避免将摄像机安装到表面振动或容易受到冲击的地方。

(10)不要将摄像机的镜头瞄准强光物体,如太阳、白炽灯等,否则会造成镜头的损坏。避免将摄像机放在阳光直射地点、通风不良的地点、加热器或暖气等热源附近(忽视此项可能会导致火灾危险)。

二、结构说明

球形摄像机的外形结构如图 7-20 所示。

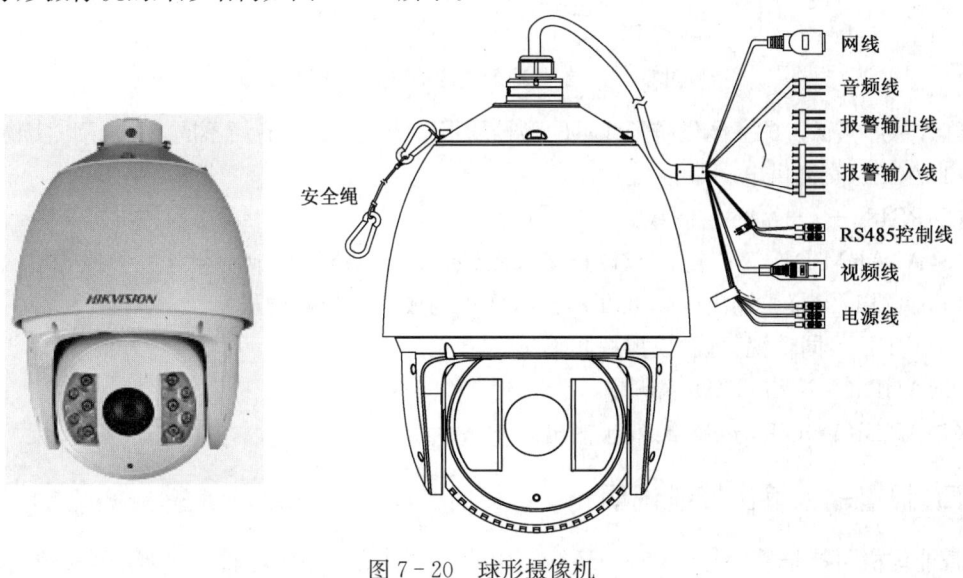

图 7-20 球形摄像机

三、线缆说明

红外球形摄像机球标配一根一体化辫子线,线缆包含网线、音频线、电源线、报警线等。线缆及其接口如图 7-21 所示。

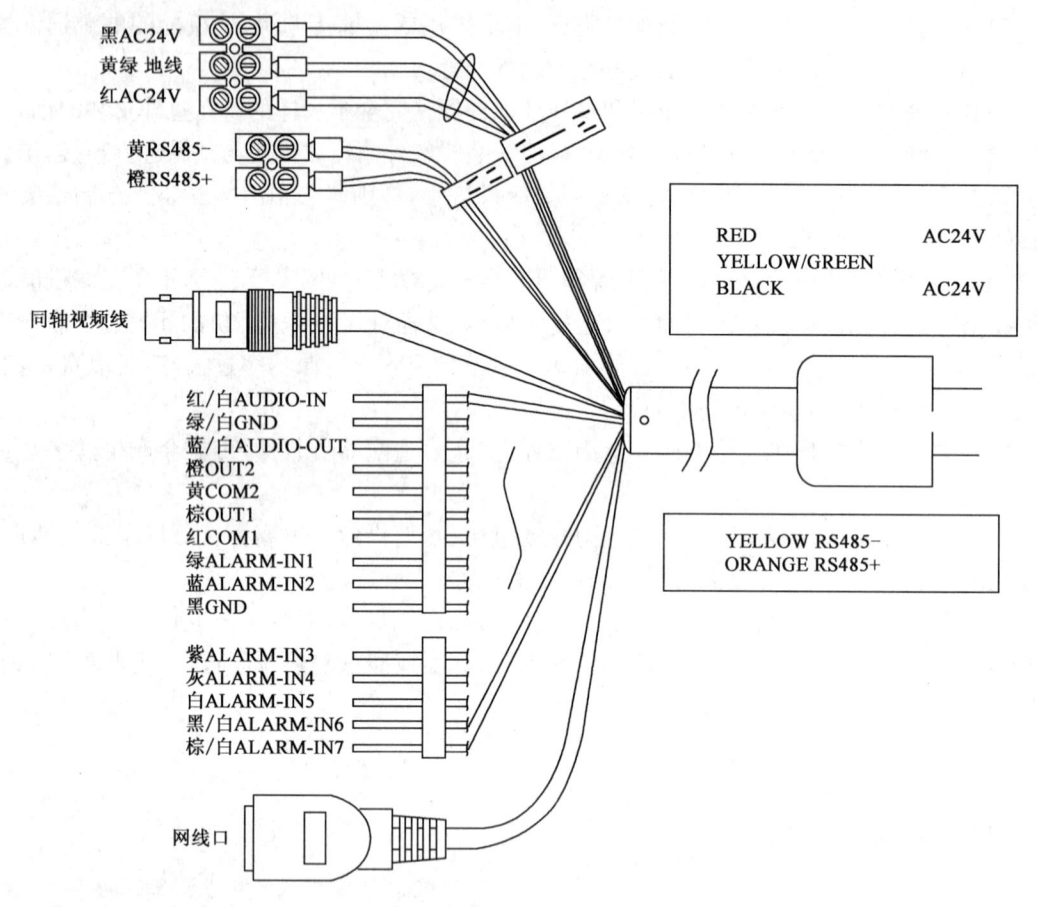

图 7-21 红外球形摄像机球辫子线说明

红外球形摄像机球一体化辫子线不同型号的报警线及音频线有所不同,具体请以实物为准。

(1)AC24:交流供电。

(2)RS485+/-:485 控制线。

(3)ALARM-IN1/2/3/4/5/6/7:报警输入(如 IN 与 GND 构成一路开关量报警输入)。

(4)OUT1/2:报警输出(如 OUT1 与 COM1 构成一路报警输出)。

(5)VIDEO:同轴视频线,模拟视频输出。

(6)AUDIO-IN 与 GND:音频输入。

(7)AUDIO-OUT 与 GND:音频输出。

四、报警输入输出接线说明

智能球机可接报警信号量(0~5V DC)输入和开关量输出,可联动录像、预置位、开关量输出等。

报警输出为开关量(无电压),接报警器时需外接电源。当外接直流供电时,外接电源必须在 30V DC 电压、1A 电流限制范围内,具体接线方法如图 7-22(a)所示。当外接交流供电时,必须使用外接继电器,具体接线方法如图 7-22(b)所示,如果不接继电器会损坏设备并有触电危险。

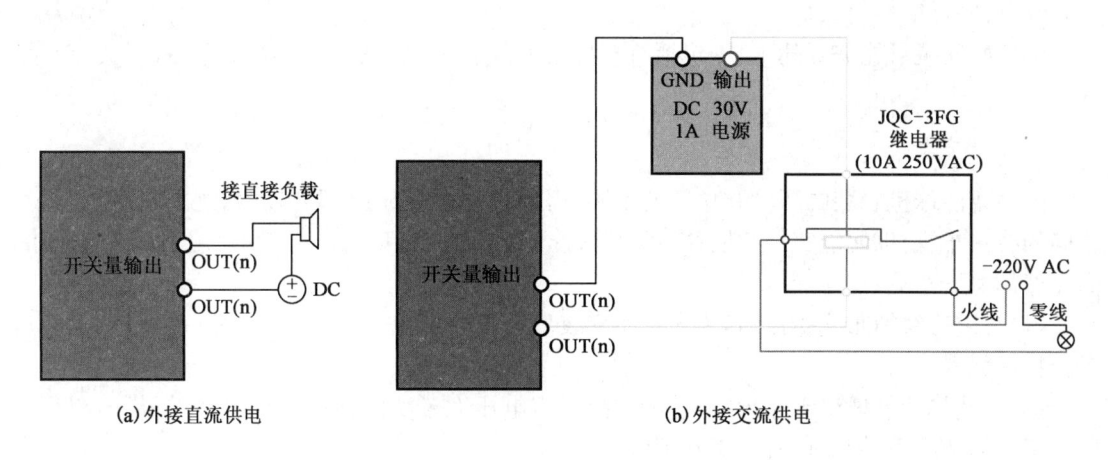

(a)外接直流供电　　(b)外接交流供电

图 7-22　报警输出接线图

五、安装流程

红外球形摄像机的安装流程如图 7-23 所示,请根据安装步骤完成设备的安装。

1. 安装前准备

安装智能球机前,请提前准备好安装时可能需要用到的工具及线缆。

1)安装基本要求

所有的电气工作都必须遵守使用最新的电气法规、防火法规及有关的法规。

根据装箱清单查验所有随机附件是否齐全,确定该智能球机的应用场所和安装方式是否与所要求的相吻合。若不吻合,请联系供应商。

2)检查安装环境

(1)确认安装空间;

(2)确认安装地点有容纳本产品及其安装结构件的足够空间;

(3)确认安装地点构造的强度;

(4)确保安装智能球机的天花板、墙壁等的承受能力必须能支撑智能球机及其安装结构件重量的 8 倍。

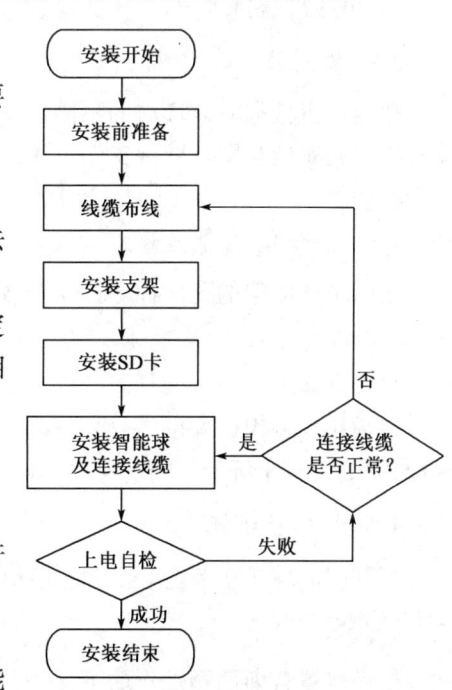

图 7-23　红外球形摄像机的安装流程图

3)线缆的准备

根据传输距离选择所需的线缆,相关线缆最低规格要求如下:同轴电缆线,75Ω 阻抗,全铜芯导线,95%编织铜屏蔽;RS485 通信电缆;网线,根据实际网络带宽选择超五类(100MB 内)或超六类光纤(100MB 以上);24V AC 电源电缆。

4)工具的准备

准备好安装可能需要的工具,包括符合规格的膨胀螺栓、电锤、电钻、扳手、螺丝刀、电笔、网线等。

2. 线缆布线

因为智能球机安装的环境和位置的不同,需要事先进行线路部署勘察、规划,然后再进行精确的线路布置,以便能够给智能球机提供安全稳定的电源和线路。在线缆规划布线过程中,需要遵循如下意见:

(1)在进行线缆布线操作前,事先熟悉安装环境,包括接线距离、接线的环境、是否远离磁场干扰等因素。

(2)在选择智能球机工作导线时,请选择额定电压大于实际线路通电电压的导线,以保证电压不稳的情况下,智能球机的正常工作。

(3)避免断线连接,智能球机的接线最好是一根电线独立完成;若条件有限,也需要对接线处进行保护及采取加固措施,以免后续电路老化造成设备无法正常工作。

(4)加强对两线的保护,包括电源线和信号传输线。布线过程中要特别注意线路的加固和保护,以免因人为的破坏而无法正常监控。

(5)电线部署过程中,不要让电线过于冗余或者拉得过紧。

3. 安装支架

智能球机根据安装环境的不同,可采用不同的安装方式。下面以壁装支架为例说明智能球机的支架安装步骤。壁装支架可用于室内或者室外的硬质墙壁结构悬挂安装,支架安装具体步骤如下。

1)打孔并安装膨胀螺栓

根据墙壁支架的孔位标记打 4 个 $\phi 12mm$ 膨胀螺栓的孔,并将规格为 $M8mm$ 的膨胀螺栓插入打好的孔内。

2)支架固定

线缆从支架内腔穿出后,将 4 颗配备的六角螺母垫上平垫圈后锁紧穿过壁装支架的膨胀螺栓,如图 7-24 所示。固定完毕后,支架安装完毕。

4. 拆封智能球机

打开智能球机包装盒,取出智能球机,撕掉保护贴纸,如图 7-25 所示。

5. 安装 SD 卡

拧松球罩背面两颗螺丝取下保护盖,即可见 SD 卡插槽,具体位置如图 7-26 所示。插入 SD 卡,听到"咔嚓"一声表示 SD 卡成功插入并已经卡紧,最后将保护盖盖好。

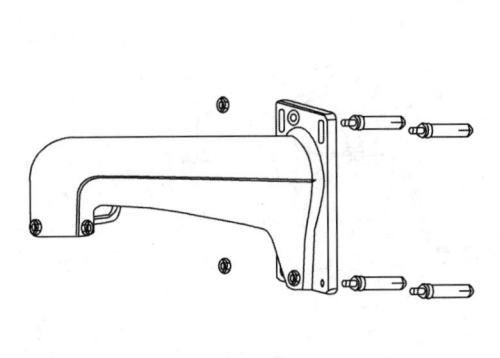

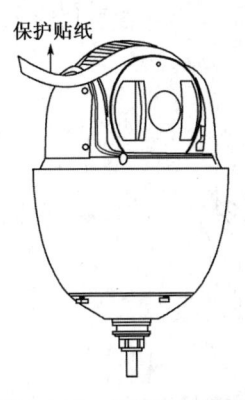

图 7-24 安装支架　　　　图 7-25 撕掉保护贴纸　　　图 7-26 SD 卡安装

将组装好的智能球机安全绳挂钩系于支架的挂耳上,连接各线缆,并将剩余的线缆拉入支架内,如图 7-27 所示。

6. 连接智能球机与支架

确认支架上的两颗锁紧螺钉处于非锁紧状态(锁紧螺钉没有在内槽内出现),将智能球机送入支架内槽,并向左(或者向右)旋转一定角度至牢固,如图 7-28 所示。

连接好后,使用 L 形内六角扳手拧紧两颗固定锁紧螺钉,使得球体能够稳定地挂在支架上,如图 7-29 所示。固定完毕后,智能球机安装结束。

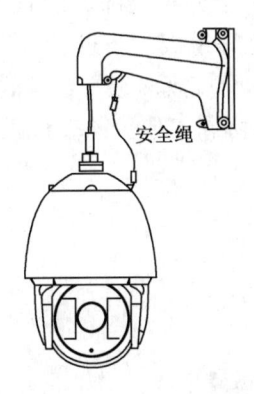

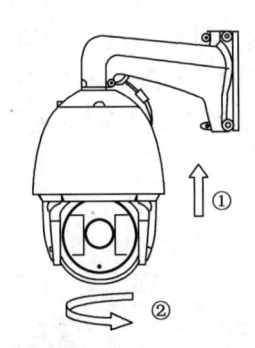

图 7-27 悬挂安全绳　　　图 7-28 连接智能球机　　　图 7-29 拧紧螺钉

7. 连接快装转接头

红外球形摄像机标配带有"快装转接头",如图 7-30 所示。当需要配合其他螺纹口支架进行壁装支架安装时,需要用到快装转接头。

在快装转接头螺纹上缠好生料带,并将其拧到安装支架上。完毕后,将支架上的紧固螺钉锁紧,然后对准安装标识,将智能球推入到转接头,并向左(或者向右)旋转球机直到固定好,如图 7-31 所示。

8. 线缆连接、上电自检

智能球机安装固定过程中,已经将线缆梳理并连接好。在智能球机安装正确的前提下,连接电源进行智能球机的上电自检。如果智能球机能够开启并显示画面,此时智能球机的安装结束。

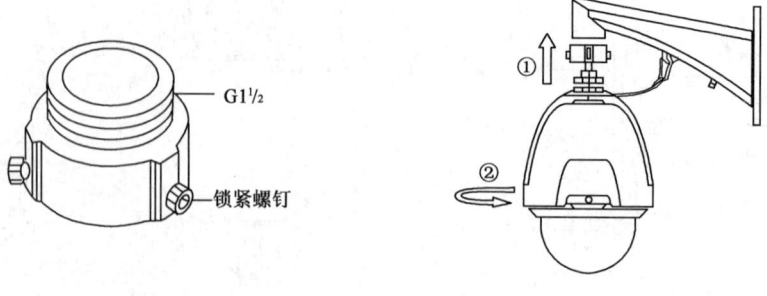

图 7-30　快装转接头　　　　图 7-31　快装转接头固定

在智能球机正常的情况下,若无法正常开启,检查智能球机的线缆接口是否连接正常;若线缆连接正常,则需要对线缆布线等进行排查。

第四节　视频监控管理平台软件

油田版本 iVMS-8800 系列是专为数字油田定向开发的一套数字油田综合监控联网解决方案,视频监控管理平台软件(8800 软件)是视频监控系统的核心,负责整个视频监控系统中各种设备的集中管理,实现视频监控的各项功能。8800 软件是一个分布式部署的软件系统。该系统包含环境监测子系统、安全防范子系统及视频监控子系统等组成。通过 iVMS-8800 平台软件可实现监控中心对各油井的实时管理,并且具有拓展性,可实现多级平台间的层间管理。不同的组件可以安装在不同地点的多台服务器上,通过网络协同工作。该软件根据容量分为 iVMS-8800E-S、iVMS-8800E-M、iVMS-8800E-L 三个型号。

一、软件组成

软件总体结构如图 7-32 所示。

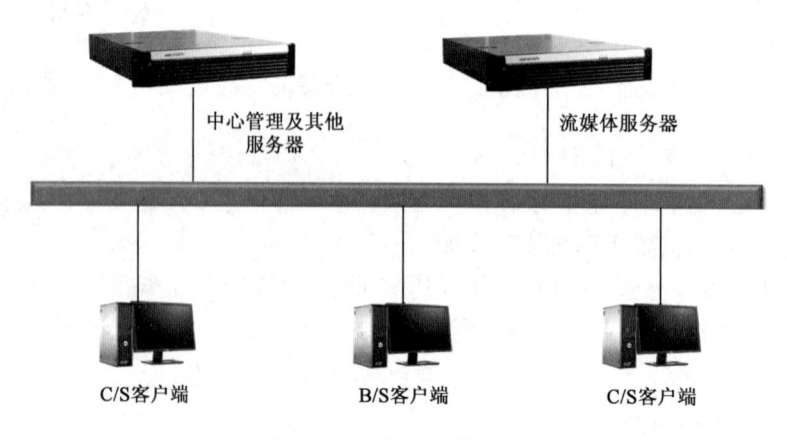

图 7-32　软件总体结构

1. 服务器

系统软件中心管理服务器包括存储管理服务器、流媒体服务器、报警服务器、电视墙服务器、云台代理服务器、级联服务器、手机服务器、设备代理服务器、动力环境接入网管、文件备份服务器等。服务器采用分布式部署，如图 7-33 所示。

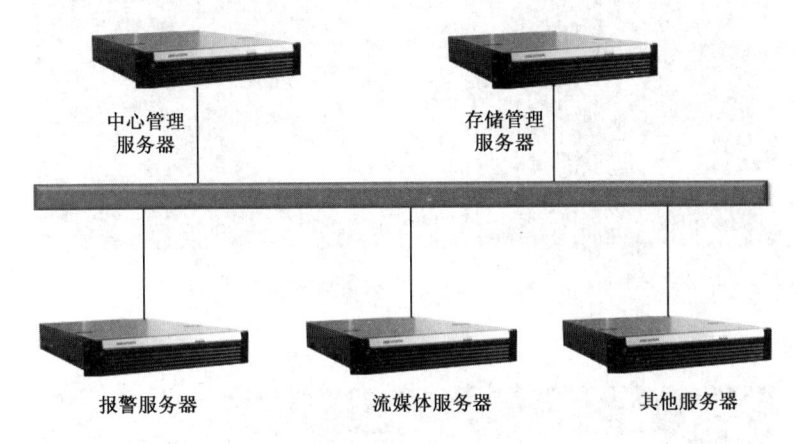

图 7-33　服务器部署图

服务器管理页面如图 7-34 所示。

图 7-34　服务器管理页面

2. 客户端

客户端包括 C/S 客户端、B/S 客户端、手机客户。

1) C/S 客户端

需要在每台电脑上安装客户端软件，C/S 客户端页面显示如图 7-35 所示。

2) B/S 客户端

用浏览器直接打开，需要安装插件，B/S 客户端页面显示如图 7-36 所示。

图 7-35　C/S 客户端页面

图 7-36　B/S 客户端页面

3)手机客户端

手机客户端支持安卓平台的各种移动设备。

二、软件使用

软件使用是指一般监控人员日常工作所需要用到的功能,包括以下几个方面:
(1)监控画面实时预览,摄像机云镜控制;
(2)录像回放及下载;
(3)报警处置及喊话、对讲;
(4)电视墙控制。

这些功能在 C/S 及 B/S 客户端上均可以实现,详细内容参照《iVMS-8800 能源行业管理平台软件 v2.0.X CS 客户端使用手册》。

三、软件配置

软件配置是指系统管理人员对监控平台各项功能的配置,包括以下几个方面:

(1)系统组织结构的编排、操作员的管理及权限分配;
(2)监控设备和监控点的添加、修改、删除;
(3)各服务器模块的管理;
(4)智能规则配置、报警及联动处理方式的管理;
(5)录像及存储设备的管理;
(6)电视墙及视频解码设备的管理。

除电视墙及解码设备管理只能在C/S客户端上完成,其他功能只能在B/S客户端上实现,详细内容请参照《iVMS-8800能源行业管理平台软件v2.0.X配置管理使用手册》。

四、基础调试

1. 系统连接

(1)摄像机完成安装后,需要进行功能的配置及参数的设置,可以通过浏览器进行相关功能的配置;
(2)配置前请确认摄像机与电脑已经连接并且能够访问需要设置的摄像机。

2. 激活设备

1)下载运行SADP软件

安装随机光盘或从官网下载的SADP软件,运行软件后,SADP软件会自动搜索局域网内的所有在线设备,列表中会显示设备类型、IP地址、安全状态、设备序列号等信息,如图7-37所示。

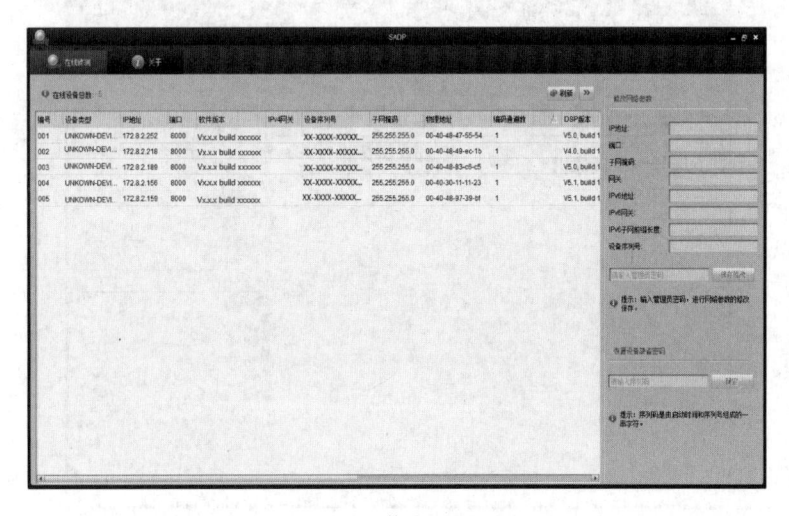

图7-37 信息显示页面

2)激活设备

选中处于未激活状态的网络摄像机,在"激活设备"处设置网络摄像机密码,单击"确定"。成功激活摄像机后,列表中"安全状态"会更新为"已激活",如图7-38所示。

为了提高产品网络使用的安全性,网络摄像机密码设置时,密码长度需达到8~16位,且至少由数字、小写字母、大写字母和特殊字符中的两种或两种以上类型组合而成。

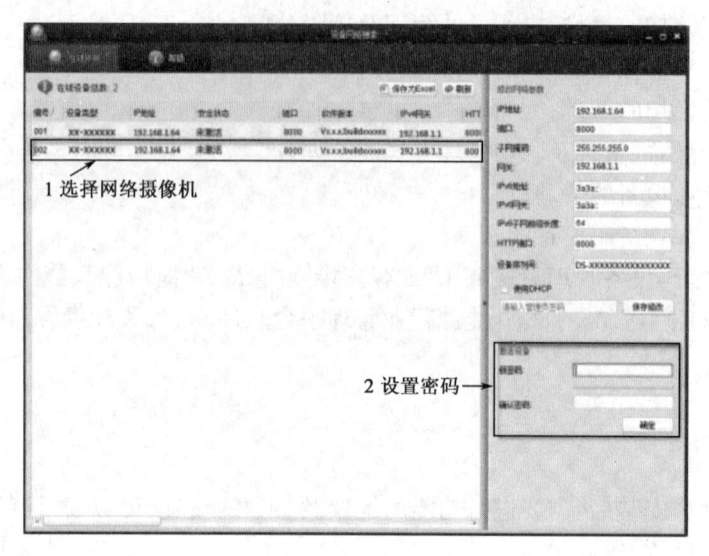

图 7-38 激活设备

3. 修改 IP 地址

选中已激活的网络摄像机,设置网络摄像机的 IP 地址、子网掩码、网关等信息。输入网络摄像机管理员密码,单击"保存修改",提示"修改参数成功"后,则表示 IP 等参数设置生效,如图 7-39 所示。

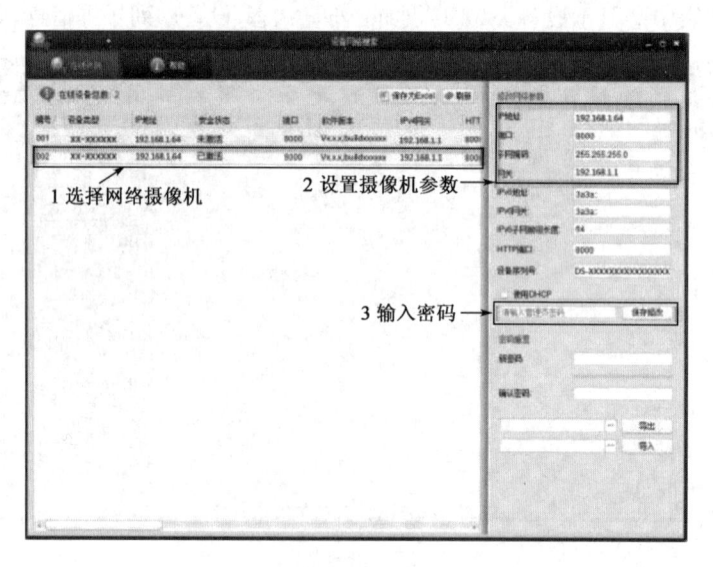

图 7-39 修改设备访问信息

4. Step4 访问设备

摄像机默认 IP 地址为 192.168.1.64,将电脑 IP 地址和摄像机 IP 保持在同一网段,即可通过浏览器访问摄像机。在浏览器地址栏输入摄像机的 IP 地址,进入登录界面,输入用户名和密码,单击"登录",进入"预览"界面,首次访问需要安装浏览器控件,请允许安装。插件下载安装完毕后,单击"完成",并重新登录摄像机。预览页面如图 7-40 所示。

图 7-40　预览页面

第五节　常见故障与维护

一、设备异常

(1)智能球机上电后无法启动,或者反复重启。
①检查智能球机的供电电压,确保供电电压满足智能球机的供电要求;建议采用就近供电。
②检查智能球机电源线径是否符合标准。
(2)智能球机控制云台或者调用预置点时断电重启、红外球机夜晚红外灯开启后设备重启。
①检查智能球机的供电电压,确保供电电压满足智能球机的供电要求;建议采用就近供电。
②检查智能球机电源线径是否符合标准。

二、云台控制问题

(1)智能球机能进行变倍控制,不能进行云台控制。
①打开智能球机透明罩,去除球芯保护贴纸及珍珠棉,然后安装好智能球机后重新上电。
②智能球机去除保护贴纸后再重新上电。
(2)智能球机不能进行变倍及云台控制。
①检查智能球机的供电电压,确保供电电压满足智能球机的供电要求;建议采用就近供电。
②检查智能球机电源线径是否符合标准。

(3)摄像机云台镜头失控。

①检查网络状况(丢包率、ping 值是否稳定)。

②重启云台代理服务器。

③检查流媒体服务配置。

④直连摄像机验证是否可控。

(4)一个云台在使用后不久就运转不灵或根本不能转动。

①检查是否将摄像机正装的云台,在使用时采用了吊装的方式。在这种情况下,吊装方式导致了云台运转负荷加大,故使用不久就会导致云台的转动机构损坏,甚至烧毁电动机。

②检查摄像机及其防护罩等总重量是否超过云台的承重。特别是室外使用的云台,往往防护罩的重量过大,常会出现云台转不动(特别垂直方向转不动)的问题。

③检查室外云台是否因环境温度过高、过低、防水、防冻措施不良而出现故障甚至损坏。

三、升级问题

(1)智能球升级失败。

①远程升级时,网络不佳导致升级失败。

②升级程序与所使用的智能球机不匹配,请使用与之匹配的智能球机程序。

四、画面问题

(1)智能球机网络正常,但是无法预览。

①局域网内请检查 IE 控件是否安装完好;部分拦截软件会阻止 IE 控件的下载,请更改软件的拦截范围。

②跨路由访问时,需要启用智能球机 UPnP;或者在路由器上手动映射 80、8000、554 端口。

③检查设备是否已达预览路数上限;若达到预览上限将无法再增加预览。

④检查网络带宽是否充足。

(2)智能球机预览画面模糊、看不清画面。

①检查智能球机透明罩上的塑料薄膜是否去除;若没有请去除。

②检查智能球机透明罩或者镜头,是否较脏;若比较脏请清除脏物。

③检查智能球机周边环境,是否有蜘蛛网等遮挡物。

④拆开智能球机,检查镜头保护盖是否去除。

(3)室外智能球机在室内测试,出现聚焦不清楚。

①恢复设备出厂参数,排除错误配置导致该问题。

②使用浏览器访问智能球机,设置图像参数中的"最小聚焦距离",将最小聚焦距离变小。

(4)图像质量不好。

①检查镜头是否有指纹或太脏。

②检查光圈有否调好。

③检查视频电缆是否接触不良。

④检查电子快门或白平衡设置有无问题。

⑤检查传输距离是否太远。
⑥检查电压是否正常。
⑦检查附近是否存在干扰源。
(5)视频没有图像。
①检查是个别现象还是批量出现。
②检查网络是否畅通(ping 192.168.1.10);正常的 ping 命令,说明网络畅通,如图 7-41 所示。

图 7-41　正常的 ping 命令

异常的 ping 命令,说明网络中断,如图 7-42 所示。

图 7-42　异常的 ping 命令

③检查供电是否正常(24V AC 或者 12V DC±10%)。
④检查流媒体设置。

五、其他问题

(1)智能球机连接拾音器后,没有任何声音。

①查看智能球机设置的编码格式,编码格式需选择复合流。

②确认所接的拾音器电气特性与智能球机的电气特性相匹配。

(2)登录智能球机提示用户名或密码错误。

①连续输入5次错误的用户名或密码,会导致智能球机锁定30min,等30min后再登录。

②新出设备都必须修改密码激活后才能正常使用。

③恢复默认密码后还是无法登录,考虑局域网中是否有其他设备。例如nvr或者4200客户端使用了错误的密码添加了智能球机,导致智能球机持续被锁定;找到该nvr或4200客户端,或者升级到智能球机版本,屏蔽掉锁定智能球机功能。

④重启摄像机。

⑤重启服务器。

(3)智能报警误报过多。

这种现象一般是由于智能规则设置不合理导致,需要根据误报的具体现象检查智能规则的设置。

①井场外的干扰导致误报:重新划定检测区域。

②抽油机运动造成误报:延长自学习时间。

③飞虫、动物干扰:划定被测物体尺寸过滤。

④井场作业导致误报:不属于误报范畴,可以临时撤防,待作业结束后再布防。

(4)录像查询失败。

①检查是个别现象还是批量出现。

②检查录像管理参数。

③重启录像管理服务器。

④检查存储设备网络是否畅通。

(5)灯光、语音联动失效。

①摄像机重启。

②报警服务器重启。

③检查接线。

④排除灯具和音响本身的问题。

参 考 文 献

[1] 中国石油天然气集团公司职业技能鉴定指导中心.仪表维修工.东营:石油大学出版社,2011.
[2] 王克华,张继峰.石油仪表及自动化.北京:石油工业出版社,2006.
[3] 解怀仁,王成林.石油化工仪表自动控制系统应用手册.北京:化学工业出版社,2014.
[4] Gibbs S G.利用井下泵示功图实现有杆泵油井的监测和控制.冯国强,等,译.世界石油科学,1995,68(3):61-68.
[5] 邹艳霞.采油工艺技术.北京:石油工业出版社,2011.
[6] 郭念田.油田常用配电装置.石油工业出版社,2012.
[7] 王华忠.监控与数据采集(SCADA)系统及其应用.北京:电子工业出版社,2012.
[8] 余成波,等.传感器与自动检测技术.2版.北京:高等教育出版社,2009.
[9] 杨巍.单井计量技术的现状及发展.油气田地面工程,2009,28(9):49-50.
[10] 左国庆,明赐东.自动化仪表故障处理实例.北京:化学工业出版社,2006.
[11] 张建宏.自动检测技术与装置.2版.北京:化学工业出版社,2010.
[12] 柳桂国.检测技术及应用.北京:电子工业出版社,2006.
[13] 蔡武昌,等.流量测量方法和仪表的选用.北京:化学工业出版社,2001.
[14] 王小强,欧阳俊,黄宁淋.ZigBee无线传感器网络设计与实现.北京:化学工业出版社,2016.
[15] 潘汪杰,文群英,等.热工测量及仪表.北京:化学工业出版社,2013.